高职高专“十二五”规划教材

火法冶金生产实训

陈利生　余宇楠　徐　征　编

北　京
冶 金 工 业 出 版 社
2021

内 容 提 要

本书为高职高专院校教学用书，书中按照火法冶金生产实训工作过程要求，分别介绍了传热，干燥，精馏，蒸发，铜合金、铝合金的熔炼与铸造，硫化锌精矿沸腾焙烧，镍锍闪速炉造锍熔炼，粗铜回转式阳极炉精炼，200kA 预焙槽炼铝共10个实训。在内容的安排上，注重职业技术教育的特点，力求少而精，通俗易懂，理论联系实际，注重应用，便于读者学习掌握火法冶金生产中常用的基本操作知识。

本书也可作为相关冶金企业工人技术培训教材，还可供相关工程技术人员和生产管理人员参考。

图书在版编目（CIP）数据

火法冶金生产实训/陈利生，余宇楠，徐征编. —北京：冶金工业出版社，2013.8（2021.8 重印）

高职高专“十二五”规划教材

ISBN 978-7-5024-6340-3

Ⅰ.①火… Ⅱ.①陈… ②余… ③徐… Ⅲ.①火法冶金—高等职业教育—教材 Ⅳ.①TF111.1

中国版本图书馆 CIP 数据核字（2013）第 163676 号

出 版 人 苏长永

地 址 北京市东城区嵩祝院北巷 39 号 邮编 100009 电话 (010)64027926

网 址 www.cnmip.com.cn 电子信箱 yjcbs@cnmip.com.cn

责任编辑 宋 良 王雪涛 高 娜 美术编辑 彭子赫 版式设计 葛新霞

责任校对 郑 娟 责任印制 李玉山

ISBN 978-7-5024-6340-3

冶金工业出版社出版发行；各地新华书店经销；北京建宏印刷有限公司印刷

2013 年 8 月第 1 版，2021 年 8 月第 3 次印刷

787mm×1092mm 1/16；7.5 印张；152 千字；108 页

18.00 元

冶金工业出版社 投稿电话 (010)64027932 投稿信箱 tougao@cnmip.com.cn

冶金工业出版社营销中心 电话 (010)64044283 传真 (010)64027893

冶金工业出版社天猫旗舰店 yjgycbs.tmall.com

序

昆明冶金高等专科学校冶金技术专业是国家示范性高职院校建设项目，中央财政重点建设专业。在示范建设工作中，我们围绕专业课程体系的建设目标，根据火法冶金、湿法冶金技术领域和各类冶炼工职业岗位（群）的任职要求，参照国家职业标准，对原有课程体系和教学内容进行了大力改革。以突出职业能力和工学结合特色为核心，与企业共同开发出了紧密结合生产实际的工学结合特色教材。我们希望这些教材的出版发行，对探索我国冶金高等职业教育改革的成功之路，对冶金高技能人才的培养，起到积极的推动作用。

高等职业教育的改革之路任重道远，我们希望能够得到读者的大力支持和帮助。请把您的宝贵意见及时反馈给我们，我们将不胜感激！

昆明冶金高等专科学校

前　言

本书是按照昆明冶金高等专科学校“四双”（双定生、双领域、双平台、双证书）冶金高技能人才培养模式要求，结合火法冶金技术最新进展和高职院校冶金技术专业的教学特点，力求体现工作过程系统化的课程开发理念，参照行业职业技能标准和职业技能鉴定规范，根据冶金企业的生产实际和岗位群的技能要求编写的。

本书以培养具有较高专业素质和较强职业技能，适应企业生产及管理一线需要的“下得去，留得住，用得上，上手快”冶金高技能人才为目标，贯彻理论与实际相结合的原则，力求体现职业教育针对性强、理论知识实践性强、培养应用型人才的特点。

书中按照火法冶金生产实训工作过程要求，逐一分别介绍传热操作实训、干燥操作实训、精馏操作实训、蒸发操作实训、铜合金的熔炼与铸造实训、铝合金的熔炼与铸造实训、硫化锌精矿沸腾焙烧实训、镍锍闪速炉造锍熔炼实训、粗铜回转式阳极炉精炼实训、200kA 预焙槽炼铝实训共 10 个实训。在内容的组织安排上力求校内实训（实训 1 ~ 6）与校外顶岗实习（实训 7 ~ 10）相衔接，结合高职学生动手能力培养和冶金生产的实际需要，突出行业特点。

由于编者水平所限，书中不妥之处在所难免，敬请广大读者批评指正。

编　者

2013 年 4 月

前　言

[illegible]

目 录

1 传热操作实训

1.1 实训目的及任务

【目的】

（1）按照传热实训设备的开机前检查与准备、开机、正常工况巡检、停机及故障处理相关安全规程、设备规程、技术规程的要求，掌握传热实训设备开机前检查与准备、开机、正常工况巡检、停机及故障处理操作技能。

（2）操作过程中能按照实训规程，控制温度、流量、压力等参数，获得较好的技术经济指标。

（3）能按照要求填写原始记录及设备运行记录。

【任务】

（1）能按要求准备好实训所需材料。

（2）能按开机要求进行系统安全检查。

（3）能按开机要求进行系统试运行。

（4）能做好供冷、热风，供循环水的准备工作。

（5）能按安全技术操作规程正确进行开机作业。

（6）能按安全技术操作规程正确进行正常工况巡检作业。

（7）能读懂各种仪表显示数据。

（8）能填写各种生产原始记录。

（9）能操作 DCS 对设备参数进行调控。

（10）能填写设备运行记录。

1.2 实训原理

传热过程即热量传递过程。在冶金生产过程中，几乎所有的冶金反应过程都需要控制温度范围，此时需要热量传递，将物料加热或冷却到一定的温度。例如反射炉熔炼过程中物料的加热就需要通过炉气与物料之间的传热来实现。另外，火法冶金炉窑为了保证炉墙的使用寿命，也需要通过间壁换热的方式将炉窑内部多余的热量通过炉墙外侧水套内的冷却水带走。

1.3 实训设备及流程

1.3.1 实训装置

实训装置连接图见图 1－1，装置立面布置图见图 1－2。本实训采用浙江中控科教仪器设备有限公司生产的装置。

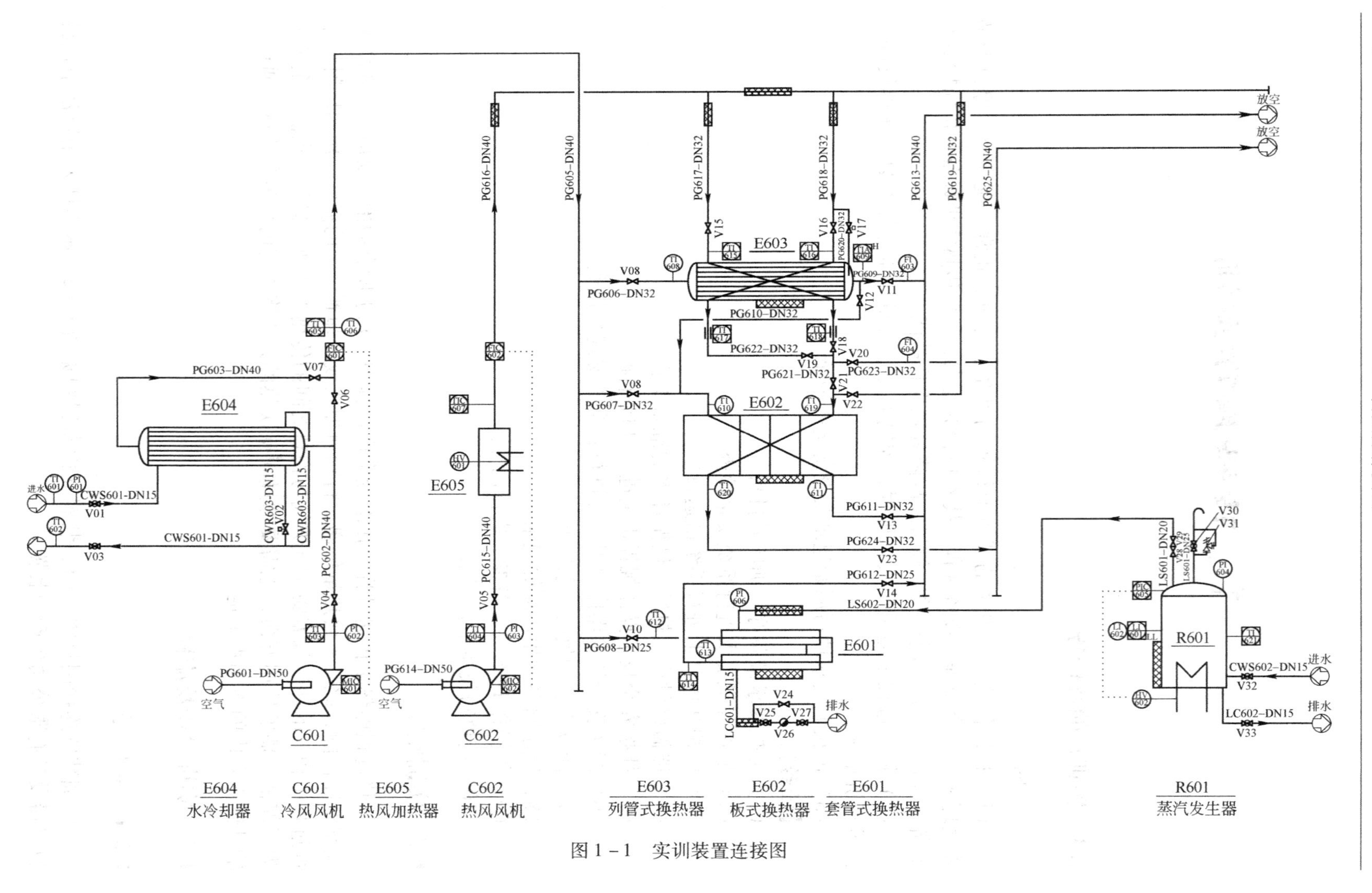
E604
水冷却器
C601
冷风风机
E605
热风加热器
C602
热风风机
E603
列管式换热器
E602
板式换热器
E601
套管式换热器
R601
蒸汽发生器

图1-1 实训装置连接图

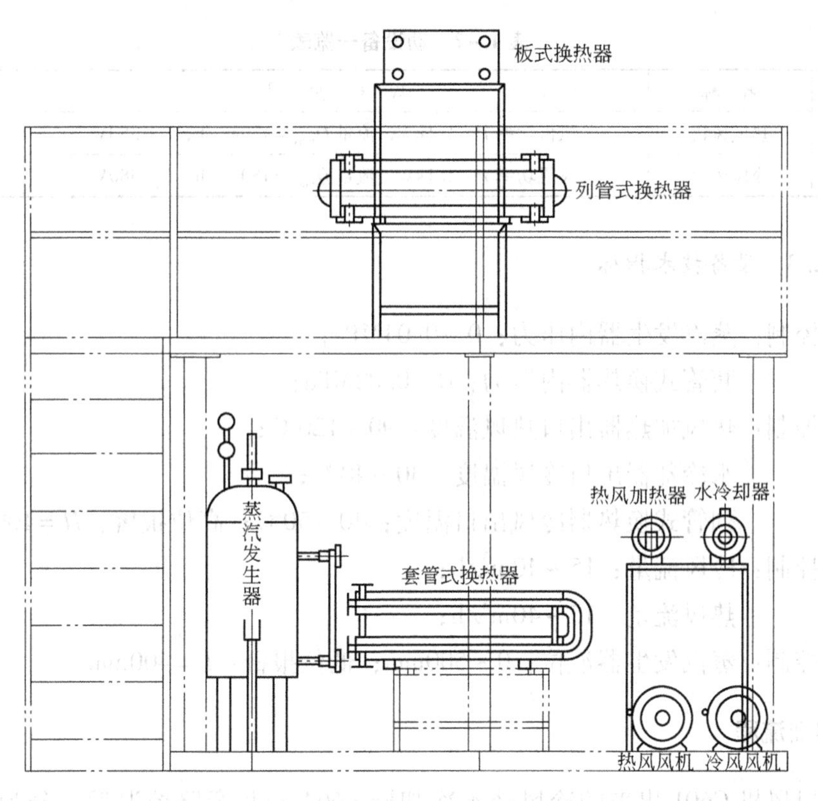

图1-2　实训装置立面布置图

1.3.2　实训设备

1.3.2.1　静设备一览表

静设备一览表见表1-1。

表1-1　静设备一览表

编号	名　称	规　格　型　号	数量
1	列管式换热器	镜面不锈钢，ϕ260mm×1170mm，$F=1.0\text{m}^2$	1
2	板式换热器	不锈钢，550mm×150mm×250mm，$F=1.0\text{m}^2$	1
3	套管式换热器	镜面不锈钢，ϕ500mm×1250mm，$F=0.2\text{m}^2$	1
4	水冷却器	镜面不锈钢，ϕ108mm×1180mm，$F=0.3\text{m}^2$	1
5	蒸汽发生器（含汽包）	镜面不锈钢，ϕ426mm×870mm 加热功率$P=7.5\text{kW}$，有安全阀	1
6	热风加热器	镜面不锈钢，ϕ190mm×1120mm 加热功率$P=4.5\text{kW}$	1

1.3.2.2　动设备一览表

动设备一览表见表1-2。

表1－2　动设备一览表

编号	名　称	规　格　型　号	数量
1	热风风机	风机功率 $P=1.1\text{kW}$，流量 $Q_{max}=180\text{m}^3/\text{h}$，$U=380\text{V}$	1
2	冷风风机	风机功率 $P=1.1\text{kW}$，流量 $Q_{max}=180\text{m}^3/\text{h}$，$U=380\text{V}$	1

1.3.2.3　设备技术指标

压力控制：蒸汽发生器内压力：0～0.04MPa；
　　　　　套管式换热器内压力：0～0.02MPa；
温度控制：热风加热器出口热风温度：90～120℃；
　　　　　水冷却器出口冷风温度：30～40℃；
　　　　　列管式换热器冷风出口温度：40～50℃；高位报警：$H=100$℃；
流量控制：冷风流量：15～40m^3/h；
　　　　　热风流量：15～40m^3/h；
液位控制：蒸汽发生器液位：0～500mm；低位报警：$L=400$mm。

1.3.3　实训流程

从冷风风机C601出来的冷风经水冷却器E604和其旁路控温后，分为四路：一路进入列管式换热器E603的管程，与热风换热后放空；一路经板式换热器E602与热风换热后放空；一路经套管式换热器E601内管，与水蒸气换热后放空；一路经列管式换热器E603管程后，再进入板式换热器E602，与热风换热后放空。

从热风风机C602出来的热风经热风加热器E605加热后，分为3路：一路进入列管式换热器E603的管程，与冷风换热后放空；一路进入板式换热器E602，与冷风换热后放空；一路经列管式换热器E603管程换热后，再进入板式换热器E602，与冷风换热后放空。

从蒸汽发生器R601出来的蒸汽，经套管式换热器E601外管与内管的冷风换热后，排空。其中，热风进入列管式换热器E603的管程分为两种形式，与冷风并流或逆流。

1.4　实训步骤

1.4.1　开车前准备

（1）由相关操作人员组成装置检查小组，对装置的所有设备（如管道、阀门、仪表、电气、照明、分析、保温等）按工艺流程图要求和专业技术要求进行检查。

（2）检查所有仪表是否处于正常状态。

（3）检查所有设备是否处于正常状态。

（4）试电：

1）检查外部供电系统，确保控制柜上所有开关均处于关闭状态。

2）开启总电源开关。

3）打开控制柜上空气开关1QF。

4）打开装置仪表电源总开关2QF，打开仪表电源开关SA1，查看所有仪表是否上电，指示是否正常。

5）将各阀门顺时针旋转操作到关的状态。检查孔板流量计正压阀和负压阀是否均处于开启状态（实验中保持开启）。

（5）准备原料。接通自来水管，打开阀门V32，向蒸汽发生器内通入自来水，到其正常液位的1/2～2/3处。

控制面板示意图见图1－3。

1.4.2 开车

（1）启动热风风机C602，调节其流量为某一实验值，开启C602热风风机出口阀V05及列管式换热器E603热风进、出口阀和放空阀（V15、V18、V20），启动热风加热器E605（首先在C3000A上手动控制加热功率大小，待温度缓慢升高到实验值时，调为自动，其具体操作方法看附录），控制热空气温度稳定在90～120℃。

（2）启动蒸汽发生器的电加热装置，调节合适加热功率，控制蒸汽压力（0.02～0.04MPa）（首先在C3000B上手动控制加热功率大小，待压力缓慢升高到实验值时，调为自动，其具体操作方法参见附录）。

（3）列管式换热器开车：

1）设备预热。依次开启列管式换热器热风进、出口阀和放空阀（V15、V18、V20），关闭其他与列管式换热器相连接的管路阀门，通入热风，待热风进、出口温度基本一致时，开始下步操作。

2）并流操作：

①依次开启列管式换热器冷风进、出口阀（V08、V11）和热风进、出口阀和放空阀（V15、V18、V20），关闭其他与列管式换热器相连接的管路阀门。

②启动冷风风机C601，调节其流量为某一实验值，开启冷风风机出口阀V04，开启水冷却器空气出口阀V07和列管式换热器E603冷风进、出口阀（V08、V11）及自来水进、出阀（V01、V03），通过阀门V01调节冷却水流量，通过阀门V06将冷空气温度控制稳定在30～50℃（其控温方法为手动）。

③调节热风进口流量为某一实验值、热风进口温度（控制在90～120℃）稳定，调节热风加热器加热功率，控制热风出口温度稳定。

④待冷、热风进出口温度基本恒定时，可认为换热过程基本平衡，记录相应的工艺参数。

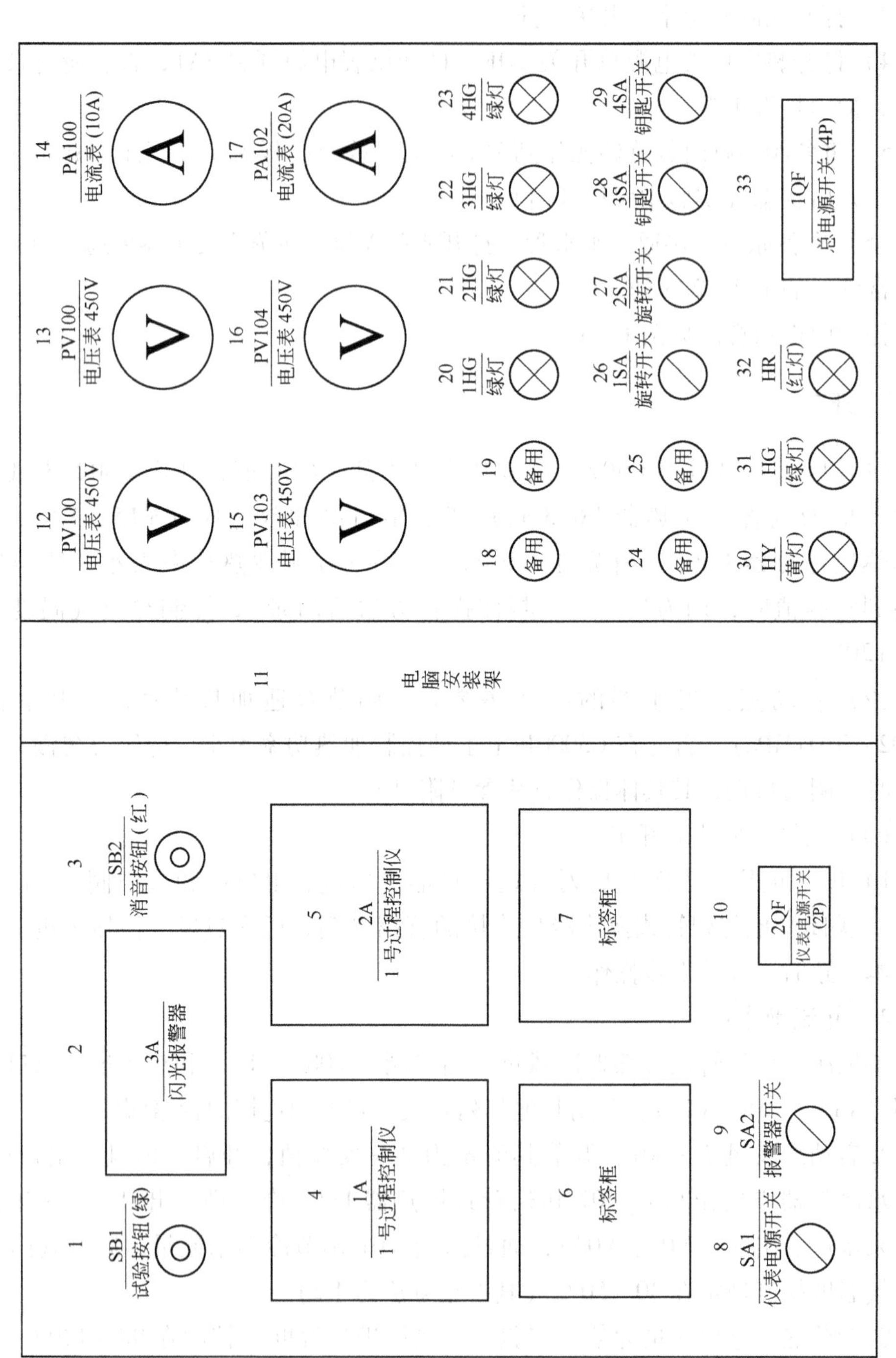
1
SB1
试验按钮(绿)
2
3A
闪光报警器
3
SB2
消音按钮(红)
4
1A
1号过程控制仪
5
2A
1号过程控制仪
6
标签框
7
标签框
8
SA1
仪表电源开关
9
SA2
报警器开关
10
2QF
仪表电源开关
(2P)
11
电脑安装架
12
PV100
电压表 450V
V
13
PV100
电压表 450V
V
14
PA100
电流表 (10A)
A
15
PV103
电压表 450V
V
16
PV104
电压表 450V
V
17
PA102
电流表 (20A)
A
18
备用
19
备用
20
1HG
绿灯
21
2HG
绿灯
22
3HG
绿灯
23
4HG
绿灯
24
备用
25
备用
26
1SA
旋转开关
27
2SA
旋转开关
28
3SA
钥匙开关
29
4SA
钥匙开关
30
HY
(黄灯)
31
HG
(绿灯)
32
HR
(红灯)
33
1QF
总电源开关 (4P)

图 1-3　控制面板示意图

⑤以冷风或热风的流量作为恒定量，改变另一介质的流量，从小到大，记录3～4组数据，做好操作记录（表1-4）。

⑥关闭相应操作阀门。

3）逆流操作：

①依次开启列管式换热器冷风进、出口阀（V08、V11）及热风进、出口阀和放空阀（V16、V19、V20），关闭其他与列管式换热器相连接的管路阀门。

②启动冷风风机C601，调节其流量为某一实验值，开启冷风风机出口阀V04，开启水冷却器空气出口阀V07和列管式换热器E603冷风进、出口阀（V08、V11）及自来水进、出阀（V01、V03），通过阀门V01调节冷却水流量，通过阀门V06将冷空气温度控制稳定在30～50℃（其控温方法为手动）。

③调节热风进口流量为某一实验值、热风进口温度（控制在90～120℃）稳定，调节热风加热器加热功率，控制热风出口温度稳定。

④待冷、热风进出口温度基本恒定时，可认为换热过程基本平衡，记录相应的工艺参数，做好操作记录（表1-4）。

（注：①以冷风或热风的流量作为恒定量，改变另一介质的流量，从小到大，记录3～4组数据，做好操作记录（表1-4）。

②关闭相应操作阀门。）

（4）板式换热器开车：

1）依次开启板式换热器热风进、出口阀（V22、V23），关闭其他与板式换热器相连接的管路阀门，通入热风，待热风进、出口温度基本一致时，开始下步操作。

2）依次开启板式换热器冷风进、出口阀（V09、V13）和热风进、出口阀（V22、V23），关闭其他与板式换热器相连接的管路阀门。

3）启动冷风风机C601，调节其流量为某一实验值，开启冷风风机出口阀V04，开启水冷却器空气出口阀V07和列管式换热器E603冷风进、出口阀（V08、V11）及自来水进、出阀（V01、V03），通过阀门V01调节冷却水流量，通过阀门V06将冷空气温度控制稳定在30～50℃（其控温方法为手动）。

4）调节热风进口流量为某一实验值、热风进口温度（控制在90～120℃）稳定，调节热风加热器加热功率，控制热风出口温度稳定。

5）待冷、热风进出口温度基本恒定时，可认为换热过程基本平衡，记录相应的工艺参数，做好操作记录（表1-4）。

6）以冷风或热风的流量作为恒定量，改变另一介质的流量，从小到大，记录3～4组数据，做好操作记录（表1-4）。

7）关闭相应操作阀门。

（5）列管式换热器（并流）、板式换热器串联开车：

1）依次开启列管式换热器、板式换热器热风进、出口阀（V15、V18、V21、

V23），关闭其他与列管式换热器、板式换热器相连接的管路阀门，通入热风，待热风进、出口温度基本一致时，开始下步操作。

2）依次开启冷风管路阀（V08、V12、V13）和热风管路阀（V15、V18、V21、V23），关闭其他与列管式换热器、板式换热器相连接的管路阀门。

3）启动冷风风机C601，调节其流量为某一实验值，开启冷风风机出口阀V04，开启水冷却器空气出口阀V07和列管式换热器E603冷风进、出口阀（V08、V11）及自来水进、出阀（V01、V03），通过阀门V01调节冷却水流量，通过阀门V06将冷空气温度控制稳定在30~50℃（其控温方法为手动）。

4）调节热风进口流量为某一实验值、热风进口温度（控制在90~120℃）稳定，调节热风加热器加热功率，控制热风出口温度稳定。

5）待冷、热风进出口温度基本恒定时，可认为换热过程基本平衡，记录相应的工艺参数，做好操作记录（表1-4）。

6）以冷风或热风的流量作为恒定量，改变另一介质的流量，从小到大，记录3~4组数据，做好操作记录（表1-4）。

7）关闭相应操作阀门。

（6）列管式换热器（逆流）、板式换热器并联开车：

1）依次开启列管式换热器、板式换热器热风进、出口阀（V16、V19、V21、V23），关闭其他与列管式换热器、板式换热器相连接的管路阀门，通入热风，待热风进、出口温度基本一致时，开始下步操作。

2）依次开启冷风管路阀（V08、V11、V09、V13）和热风管路阀（V16、V19、V20、V22、V23），关闭其他与列管式换热器（逆流）、板式换热器相连接的管路阀门。

3）启动冷风风机C601，调节其流量为某一实验值，开启冷风风机出口阀V04，开启水冷却器空气出口阀V07和列管式换热器E603冷风进、出口阀（V08、V11）及自来水进、出阀（V01、V03），通过阀门V01调节冷却水流量，通过阀门V06将冷空气温度控制稳定在30~50℃（其控温方法为手动）。

4）调节热风进口流量为某一实验值、热风进口温度（控制在90~120℃）稳定，调节热风加热器加热功率，控制热风出口温度稳定。

5）待冷、热风进出口温度基本恒定时，可认为换热过程基本平衡，记录相应的工艺参数，做好操作记录（表1-4）。

6）以冷风或热风的流量作为恒定量，改变另一介质的流量，从小到大，记录3~4组数据，做好操作记录（表1-4）。

7）关闭相应操作阀门。

（7）套管式换热器开车：

1）依次开启套管式换热器蒸汽进、出口阀（V28、V29、V25、V26、V27），关闭其他与套管式换热器相连接的管路阀门，通入水蒸气，待蒸汽发生器内温度和套管式换热器冷风出口温度基本一致时，开始下步操作。（注意：首先打开阀门V28，再缓慢打开阀门V29，观察套管式换热器进口压力，控制其在0.02MPa左右。）

2）控制蒸汽发生器加热功率，保证其压力和液位在实验范围内，注意调节V29，控制套管式换热器内蒸汽压力为0～0.02MPa之间的某一恒定值。

3）打开套管式换热器冷风进口阀（V10）、出口阀（V14），启动冷风风机C601，调节其流量为某一实验值，开启冷风风机出口阀V04，开启水冷却器空气出口阀V07和列管式换热器E603冷风进、出口阀（V08、V11）及自来水进、出阀（V01、V03），通过阀门V01调节冷却水流量，通过阀门V06将冷空气温度控制稳定在30～50℃（其控温方法为手动）。

4）待冷风进、出口温度和套管式换热器内蒸汽压力基本恒定时，可认为换热过程基本平衡，记录相应的工艺参数，做好操作记录（表1－4）。

5）以套管式换热器内蒸汽压力作为恒定量，改变冷风流量，从小到大，记录3～4组数据，做好操作记录（表1－4）。

6）关闭相应操作阀门。

1.4.3　停车操作

（1）停止蒸汽发生器电加热器运行，关闭蒸汽出口阀V28、V29，开启蒸汽发生器放空阀V30，开启套管式换热器疏水阀组旁路阀V24，将蒸汽系统压力卸除。

（2）停热风加热器。

（3）继续大流量运行冷风风机和热风风机，当冷风风机出口总管温度接近常温时，停冷风及冷风风机出口冷却器冷却水；当热风风机出口总管温度低于60℃时，停热风风机。

（4）将套管式换热器残留水蒸气冷凝液排净。

（5）装置系统温度降至常温后，关闭系统所有阀门。

（6）清理现场，搞好设备、管道、阀门维护工作。

（7）切断控制台、仪表盘电源。

1.4.4　正常操作注意事项

（1）经常检查蒸汽发生器运行状况，注意水位和蒸汽压力的变化，蒸汽发生器水位不得低于200mm，如有异常现象，应及时处理。

（2）经常检查风机运行状况，注意电机温升。

（3）蒸汽发生器不得干烧。热风加热器运行时，空气流量不得低于10m^3/h；热风加热器停车时，温度不得超过60℃。

（4）在换热器操作中，首先通入热风或水蒸气对设备预热，待设备热风进、出口温度基本一致时，再开始传热操作。

（5）做好操作巡检工作。

1.4.5　设备维护及检修

（1）风机的开、停，正常操作及日常维护。

（2）系统运行结束后，相关操作人员应对设备进行维护，保持现场、设备、管路、阀门清洁，方可离开现场。

（3）定期组织学生进行系统检修演练。

1.4.6　异常现象及处理

异常现象及处理见表1－3。

表1－3　异常现象及处理

异常现象	原　因	处理方法
水冷却器冷空气进、出口温差小，出口温度高	水冷却器冷却量不足	加大自来水开度
换热器换热效果下降	换热器内不凝气体集聚或冷凝液集聚；换热器管内、外严重结垢	排放不凝气体或冷凝液；对换热器进行清洗
换热器发生振动	冷流体或热流体流量过大	调节冷流体或热流体流量
蒸汽发生器系统安全阀起跳	（1）超压； （2）蒸汽发生器内液位不足，缺水	（1）立即停止蒸汽发生器电加热装置，手动放空； （2）严重缺水时（液位计上看不到液位），停止电加热器加热，打开蒸汽发生器放空阀，不得往蒸汽发生器内补水

1.4.7　故障模拟——正常操作中的故障扰动（故障设置实训）

在正常操作中，由教师给出隐蔽指令，通过不定时改变某些阀门、加热器或风机的工作状态来扰动传热系统正常的工作状态，分别模拟实际生产工艺过程中的常见故障，学生根据各参数的变化情况和设备运行异常现象，分析故障原因，找出故障并动手排除故障，以提高学生对工艺流程的认识度和实际动手能力。

（1）水冷却器出口冷风温度异常：在传热正常操作中，教师给出隐蔽指令，改变冷却水的流向（打开冷却水出口电磁阀V02，使冷却水短路），学生通过观察出口冷风温度、冷却水压力等的变化，分析系统异常的原因并作处理，使系统恢复到正常操作状态。

（2）蒸汽冷凝水系统异常：在传热正常操作中，教师给出隐蔽指令，改变套管式换热器蒸汽疏水阀组的工作状态（关闭冷凝水疏水阀 V26），学生通过观察套管式换热器温度、压力等的变化，分析系统异常的原因并作处理，使系统恢复到正常操作状态。

（3）列管式换热器冷风出口流量、热风出口流量与进口流量有差异：在传热正常操作中，教师给出隐蔽指令，改变列管式换热器热风逆流进口的工作状态（打开旁路电磁阀 V17，使部分热风不经换热直接随冷风排出），学生通过观察冷风、热风经过换热前后流量及冷风出口温度的变化，分析系统异常的原因并作处理，使系统恢复到正常操作状态。

1.5 实训注意事项

实训组织和程序：每班分成 6～8 组，每组 6～8 人，设备开关、DCS 控制、仪表读数及记录、冷风操作（进口阀、出口阀、放空阀）、热风（进口阀、出口阀、放空阀）、循环水及电加热操作岗位及指挥组长各一人。

1.6 实训报告要求

（1）简述传热实训目的及任务、原理、操作过程。

（2）以小组为单位填写实训记录表（见表 1－4）。

表 1－4 实训记录表

序号	时间	打开阀门	冷风系统				热风系统			冷风进口温度/℃	冷风出口温度/℃	热风进口温度/℃	热风出口温度/℃
			水冷却器进口开度/%	阀门开度/%	风机出口开度/%	出口流量/$m^3 \cdot h^{-1}$	电加热器开度/%	风机出口流量开度/%	出口流量/$m^3 \cdot h^{-1}$				
1													
2													
3													
4													
5													
6													
操作记事													
异常情况记录													
操作人：						指导老师：							

2 干燥操作实训

2.1 实训目的及任务

【目的】

（1）按照干燥实训设备的开机前检查与准备、开机、正常工况巡检、停机及故障处理相关安全规程、设备规程、技术规程的要求，掌握干燥实训设备开机前检查与准备、开机、正常工况巡检、停机及故障处理操作技能。

（2）操作过程中能按照实训规程，控制温度、流量、压力等参数，获得较好的技术经济指标。

（3）能按照要求填写原始记录及设备运行记录。

【任务】

（1）能按要求准备好实训所需材料。

（2）能按开机要求进行系统安全检查。

（3）能按开机要求进行系统试运行。

（4）能做好进料前的准备工作。

（5）能按安全技术操作规程正确进行开机作业。

（6）能按安全技术操作规程正确进行正常工况巡检作业。

（7）能读懂各种仪表显示数据。

（8）能填写各种生产原始记录。

（9）能操作 DCS 对设备参数进行调控。

（10）能填写设备运行记录。

2.2 实训原理

干燥的原理是：物料表面湿分不断汽化，物料内部的湿分方可继续向表面移动。

干燥是一个缓慢的汽化脱水过程，即在一定的升温条件下，水分自物料的内部向外扩散并从表面汽化脱去的过程。

含水物料的干燥由两个环节组成：物料表面水分的汽化和物料内部水分向外扩散。当物料表面水分的蒸汽压力大于周围干燥介质中的蒸汽分压时，物料表面水分开始汽化。显然，蒸发面积大，干燥介质的温度高，气流速度快，则表面汽化作用加快。

在冶金生产过程中，干燥过程主要目的是为了使原料或产品水含量达到规定的要求。

2.3 实训设备及流程

2.3.1 实训装置

实训装置连接图见图2－1，装置立面布置图见图2－2。本实训采用浙江中控科教仪器设备有限公司生产的装置。

2.3.2 实训设备

2.3.2.1 静设备一览表

静设备一览表见表2－1。

表2－1 静设备一览表

序号	名 称	规 格	材 质	备 注
1	流化床干燥器	650mm×390mm×1080mm	304不锈钢	
2	空气加热器	ϕ190mm×1120mm	304不锈钢	内加翅片式加热管
3	旋风分离器	ϕ120mm×650mm	304不锈钢	锥形结构
4	布袋过滤器	160mm×160mm×60mm	304不锈钢	0.147mm（100目）袋滤器
5	加料漏斗	ϕ240mm×200mm	304不锈钢	

2.3.2.2 动设备一览表

动设备一览表见表2－2。

表2－2 动设备一览表

名 称	技术参数	型 号
循环气体出口风机	旋涡式风机 电源：380V/50Hz 功率：1100W 最大风压：22kPa 真空度：－18kPa 最大风量：180m^3/h	HG－1100－C
气体进口风机	旋涡式风机 电源：380V/50Hz 功率：1100W 最大风压：22kPa 真空度：－18kPa 最大风量：180m^3/h	HG－1100－C

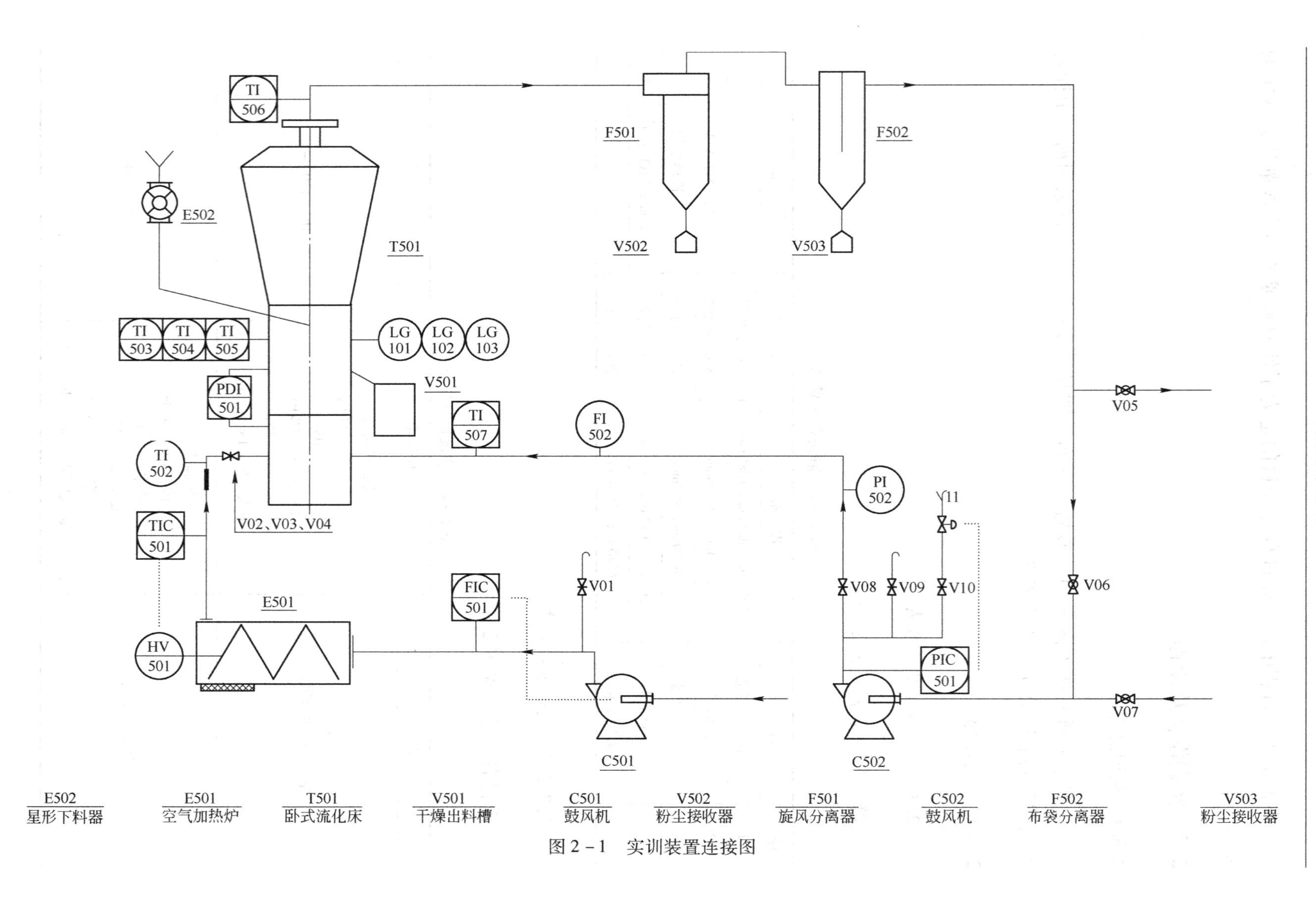

TI 506
E502
T501
F501
V502
F502
V503
TI 503
TI 504
TI 505
LG 101
LG 102
LG 103
PDI 501
V501
TI 507
FI 502
V05
TI 502
PI 502
V11
V02、V03、V04
TIC 501
FIC 501
V01
V08
V09
V10
V06
E501
HV 501
PIC 501
V07
C501
C502
E502 星形下料器
E501 空气加热炉
T501 卧式流化床
V501 干燥出料槽
C501 鼓风机
V502 粉尘接收器
F501 旋风分离器
C502 鼓风机
F502 布袋分离器
V503 粉尘接收器

图 2-1　实训装置连接图

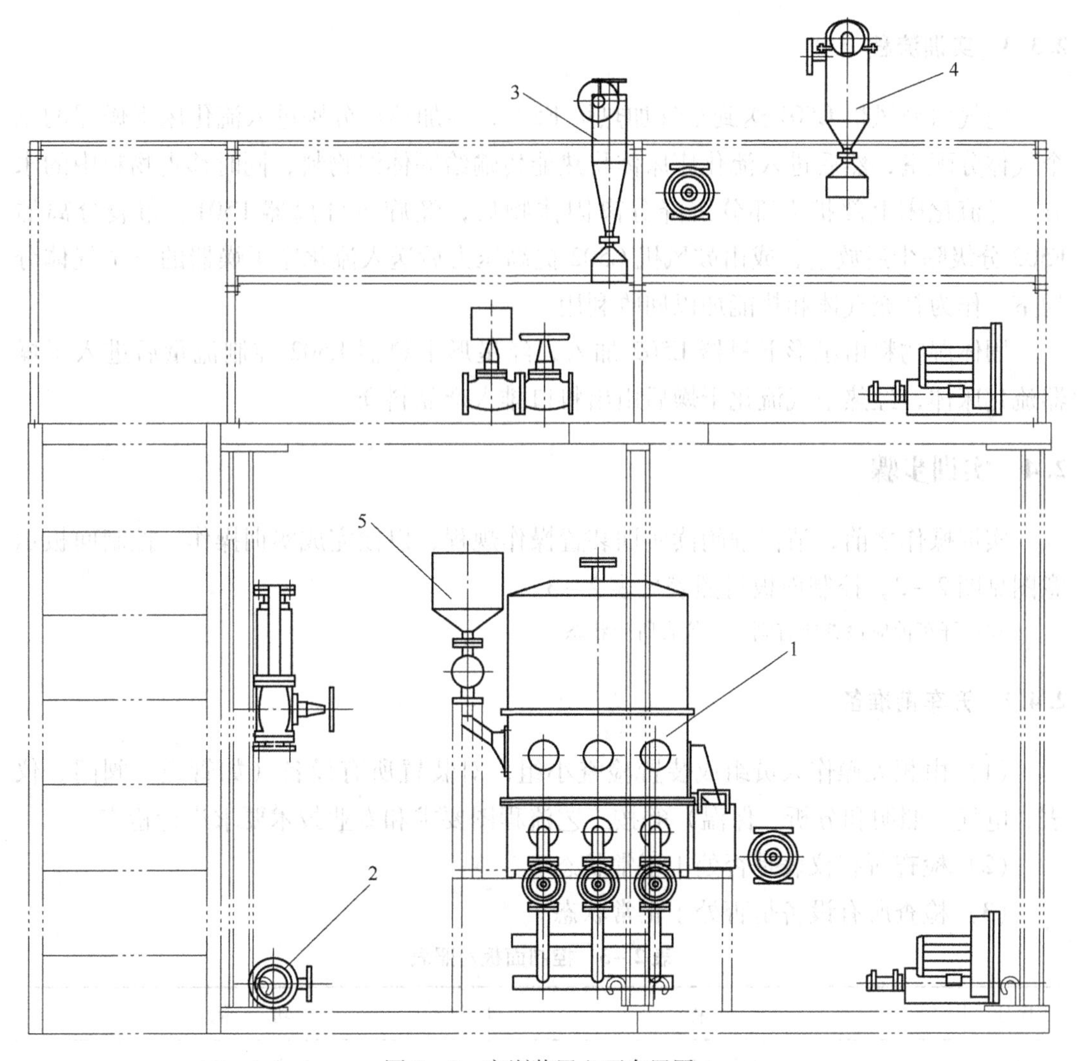

图2-2　实训装置立面布置图

1—卧式流化床；2—电加热器；3—旋风分离器；4—布袋分离器；5—星型下料器

2.3.2.3　设备技术指标

物料配制：小米（湿含量20%～30%）或相对密度为1.0～1.2，粒径为1～2mm的其他固体物料；

干燥床进气温度：70～80℃；

干燥床内温度：50～80℃；

干燥床层压降：≤0.3kPa；

新鲜空气流量：80～120m^3/h；

循环空气流量：60～100m^3/h；

下料器转速：200～400r/min；

尾气放空量：适量（由物料湿度决定）。

2.3.3　实训流程

空气由鼓风机 C501 送到空气加热炉 E501，经加热后分别进入流化床干燥器的三个气体分配室，然后进入流化床床体将热能传输给固体湿物料，同时移走物料中的水分，经流化床上部扩大部分沉降分离固体物后，经旋风分离器 F501、布袋分离器 F502 分级除尘后放空，或由鼓风机 C502 提高压力后送入流化床干燥器的三个气体分配室，作为补充气体和热能加以回收利用。

固体湿物料由星形下料器 E502 加入，经星形下料器 E502 控制流量后进入干燥器流化床体，经热空气流化干燥后由出料口排入产品料仓。

2.4　实训步骤

实训操作之前，请仔细阅读实训装置操作规程，以便完成实训操作。控制面板示意图见图 2－3，控制面板对照表见表 2－3。

（注：开车前应检查所有阀门、仪表所处状态。）

2.4.1　开车前准备

（1）由相关操作人员组成装置检查小组，对装置所有设备（如管道、阀门、仪表、电气、照明和分析、保温）等按工艺流程图要求和专业技术要求进行检查。

（2）检查所有仪表是否处于正常状态。

（3）检查所有设备是否处于正常状态。

表 2－3　控制面板对照表

序号	名　称	功　能
1	试验按钮	切换试验状态
2	闪光报警器	报警指示
3	消音按钮	消除报警
4	C3000 仪表调节仪 1A	
5	C3000 仪表调节仪 2A	
6	标签框	通道显示表
7	标签框	通道显示表
8	仪表开关 1SA	仪表电源开关
9	报警开关 2SA	报警电源开关
10	空气开关 QF2	仪表总电源开关
11	电脑安装架	安装电脑

续表 2-3

序号	名　称	功　能
12	电压表 V1	空气开关电压监控
13	电压表 V3	加热电压监控
14	电压表 V4	气体进口风机电压监控
15	电压表 V2	空气开关电压监控
16	电流表 A1	加热电流监控
17	电压表 V5	气体进口风机电压监控
18	通电指示灯	气体进口风机通电指示
19	通电指示灯	循环气体风机通电指示
20	通电指示灯	气体加热通电指示
21	通电指示灯	循环气体流量控制阀通电指示
22	通电指示灯	下料机通电指示
23	通电指示灯	直流电源通电指示
24	气体进口风机开关旋钮	气体进口风机电源开关
25	循环气体风机开关旋钮	循环气体风机电源开关
26	气体加热开关旋钮	气体加热电源开关
27	循环气体流量控制阀开关旋钮	循环气体流量控制阀电源开关
28	下料机电源开关旋钮	下料机电源开关
29	直流电源开关旋钮	直流电源开关
30	黄色指示灯	空气开关通电指示
31	绿色指示灯	空气开关通电指示
32	红色指示灯	空气开关通电指示
33	空气开关 QF1	

（4）试电：

1）检查外部供电系统，确保控制柜上所有开关均处于关闭状态。

2）开启外部供电系统总电源开关。

3）打开控制柜上空气开关 QF1（33）。

4）打开直流电源开关（29）以及空气开关 QF2（10），打开仪表电源开关（8）。查看所有仪表是否上电，指示是否正常。

5）将各阀门顺时针旋转操作到“关”的状态。检查孔板流量计出口阀是否在开启状态（保持开启）。

（5）准备原料。配制物料 5～10kg，物料指标为小米（湿含量 20%～30%）或相对密度为 1.0～1.2，粒径为 1～2mm 的其他固体物料。

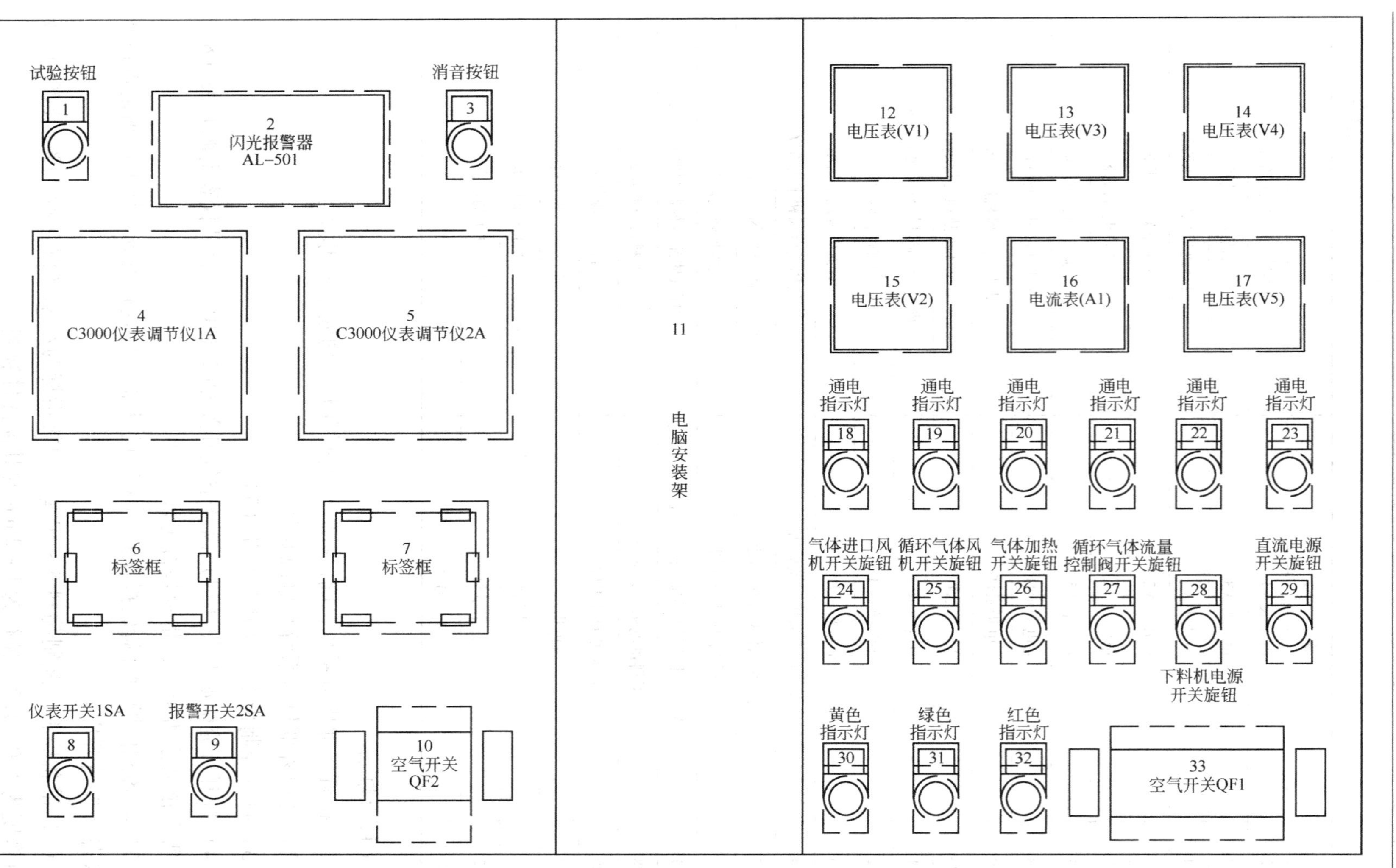
试验按钮
1
2
闪光报警器
AL-501
消音按钮
3
4
C3000仪表调节仪1A
5
C3000仪表调节仪2A
6
标签框
7
标签框
仪表开关1SA
8
报警开关2SA
9
10
空气开关
QF2
11
电脑安装架
12
电压表(V1)
13
电压表(V3)
14
电压表(V4)
15
电压表(V2)
16
电流表(A1)
17
电压表(V5)
通电
指示灯
18
通电
指示灯
19
通电
指示灯
20
通电
指示灯
21
通电
指示灯
22
通电
指示灯
23
气体进口风
机开关旋钮
24
循环气体风
机开关旋钮
25
气体加热
开关旋钮
26
循环气体流量
控制阀开关旋钮
27
28
下料机电源
开关旋钮
直流电源
开关旋钮
29
黄色
指示灯
30
绿色
指示灯
31
红色
指示灯
32
33
空气开关QF1

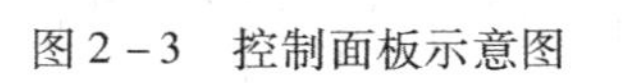
图 2－3　控制面板示意图

2.4.2 开车

（1）依次打开各床层闸阀（V02、V03、V04）和放空阀 V05。

（2）启动鼓风机 C501，调节新鲜空气流量至 80 ~ 120m^3/h。

（3）开启电加热炉加热开关（26），缓慢增加加热功率至80%。

（4）开启循环气阀 V06 和循环风机抽风阀 V07。

（5）开启鼓风机 C502，开启循环风机出口放空调节阀 V10；开启循环风机出口放空电动调节阀 V11 开关（27），阀的开度据流化程度进行调节。

（6）全开循环气体流量调节阀 V08，玻璃转子流量计的流量显示为 100m^3/h 左右。

（7）回流气体流量稳定后，手动控制电加热器功率，调节流化床进气温度达到 80℃左右切换至自动调节，使其温度稳定在 80℃左右。

（8）将配制好的物料加入下料斗，开启下料机电源开关（28），加料速度控制在 200 ~ 400r/min 左右，并调节控制好流化床层物料厚度。

（注：物料进流化床体初期应根据物料的干燥状况控制出料）。

（9）调节床层闸阀（V02、V03、V04）的开度，使三个床层的温度稳定在 55℃左右。

（10）调节电动调节阀开度，使床层压差稳定在 0.20kPa 左右。

（11）观察流化状态，填写操作报表（表 2-5）。

（12）打开收料袋，取料至收料槽 V501。

2.4.3 停车

（1）关闭下料器，停止向流化床内进料。

（2）当流化床体内物料排净后，关闭电加热炉电源开关（26）。

（3）开系统放空阀 V05，关闭循环风机进口阀 V06、出口阀 V08，停鼓风机 C502。

（4）当流化床进气温度降到 50℃以下时，关闭流化床进气阀（V02、C03、V04），停鼓风机 C501。

（5）清理干净流化床干燥器、旋风分离器、布袋分离器内的残留物。

（6）依次关闭直流电源开关（29）、仪表电源开关（8）、报警电源开关（9）以及空气开关 QF2（10）。

（7）关闭控制柜空气开关 QF1（33）。

（8）切断总电源。

（9）场地清理。

2.4.4 异常现象及处理

异常现象及处理见表 2-4。

表 2－4　异常现象及处理

异常现象	原　　因	处理方法
床层温度突然升高	（1）空气流量过大或加热过猛； （2）系统加料量过少	（1）调节空气流量，调低加热电流； （2）加大加料量
床层压降过高	流化床内加料过多	减少加料量
旋风分离器跑料	（1）抽风量太大； （2）旋风分离器被物料堵住	（1）关小抽风机开启度； （2）停车处理旋风分离器

2.4.5　故障模拟——正常操作中的故障扰动（故障设置实训）

在干燥正常操作中，由教师给出隐蔽指令，通过不定时改变某些阀门、风机的工作状态来扰动干燥系统正常的工作状态，分别模拟出实际生产过程中的常见故障，学生根据各参数的变化情况、设备运行异常现象，分析故障原因，找出故障并动手排除故障，以提高学生对工艺流程的认识度和实际动手能力。

（1）风量波动大：在干燥正常操作中，教师给出隐蔽指令，改变风机后的工作状态（风机后空气放空），学生通过观察干燥器温度、流量和压降等参数的变化情况，分析引起系统异常的原因并作处理，使系统恢复到正常操作状态。

（2）电加热器断电：在干燥正常操作中，教师给出隐蔽指令，改变空气预热器的工作状态（电加热器断电），学生通过观察干燥器温度、流量和物料干燥度等参数的变化情况，分析引起系统异常的原因并作处理，使系统恢复到正常操作状态。

（3）鼓风机出口无流量显示：在干燥正常操作中，教师给出隐蔽指令，改变鼓风机的阀门工作状态，学生通过观察干燥器温度、流量和压降等参数的变化情况，分析引起系统异常的原因并作处理，使系统恢复到正常操作状态。

2.5　实训注意事项

实训组织和程序：每班分成 6～8 组，每组 6～8 人，设备开关、DCS 控制、仪表读数及记录、卧式流化床进气阀控制、加料、出料、排烟机放空阀岗位及指挥组长各 1 人。

2.6　实训报告要求

（1）简述干燥实训目的及任务、原理、操作过程。

（2）以小组为单位填写实训记录表（表 2－5）。

表 2-5 实训记录表 年 月 日

序号	时间	进风流量/L·h^{-1}	进风温度/℃	热风温度/℃	1号干燥室温度/℃	2号干燥室温度/℃	3号干燥室温度/℃	干燥室出口温度/℃	干燥室内压差/kPa	湿风流量/L·h^{-1}	湿风管道压力/MPa	湿风放空阀PV502开度/%	进料速度/%
1													
2													
3													
4													
5													
6													
7													
8													
9													
10													
操作记事													
异常情况记录													
操作人：								指导老师：					

3 精馏操作实训

3.1 实训目的及任务

【目的】

（1）按照精馏实训设备的开机前检查与准备、开机、正常工况巡检、停机及故障处理相关安全规程、设备规程、技术规程的要求，掌握精馏实训设备开机前检查与准备、开机、正常工况巡检、停机及故障处理操作技能。

（2）操作过程中能按照实训规程，控制温度、流量、压力等参数，获得较好的技术经济指标。

（3）能按照要求填写原始记录及设备运行记录。

【任务】

（1）能按要求准备好实训所需材料。

（2）能按开机要求进行系统安全检查。

（3）能按开机要求进行系统试运行。

（4）能做好进料前的准备工作。

（5）能按安全技术操作规程、正确进行开机作业。

（6）能按安全技术操作规程、正确进行正常工况巡检作业。

（7）能读懂各种仪表显示数据。

（8）能填写各种生产原始记录。

（9）能操作 DCS 对设备参数进行调控。

（10）能填写设备运行记录。

3.2 实训原理

精馏是分离液体混合物最常用的一种操作，通常在精馏塔中进行，气液两相通过逆流接触，进行相际间传热传质。液相中的易挥发组分进入气相，于是在塔顶冷凝得到近乎纯的易挥发组分，塔底得到近乎纯的难挥发组分。塔顶一部分冷凝液作为回流液从塔顶返回精馏塔，塔顶回流入塔的液体量和塔顶产品量之比称为回流比，其大小影响精馏操作的分离效果和能耗。

精馏精炼适用于相互溶解或部分溶解的金属液体，不适用于两种具恒沸点的金属熔体。在有色金属冶金中，精馏成功地用于粗锌的火法精炼。

3.3　实训设备及流程

3.3.1　实训装置

实训装置立面布置图见图3－1，装置连接图见图3－2。本实训采用浙江中控科教仪器设备有限公司生产的装置。

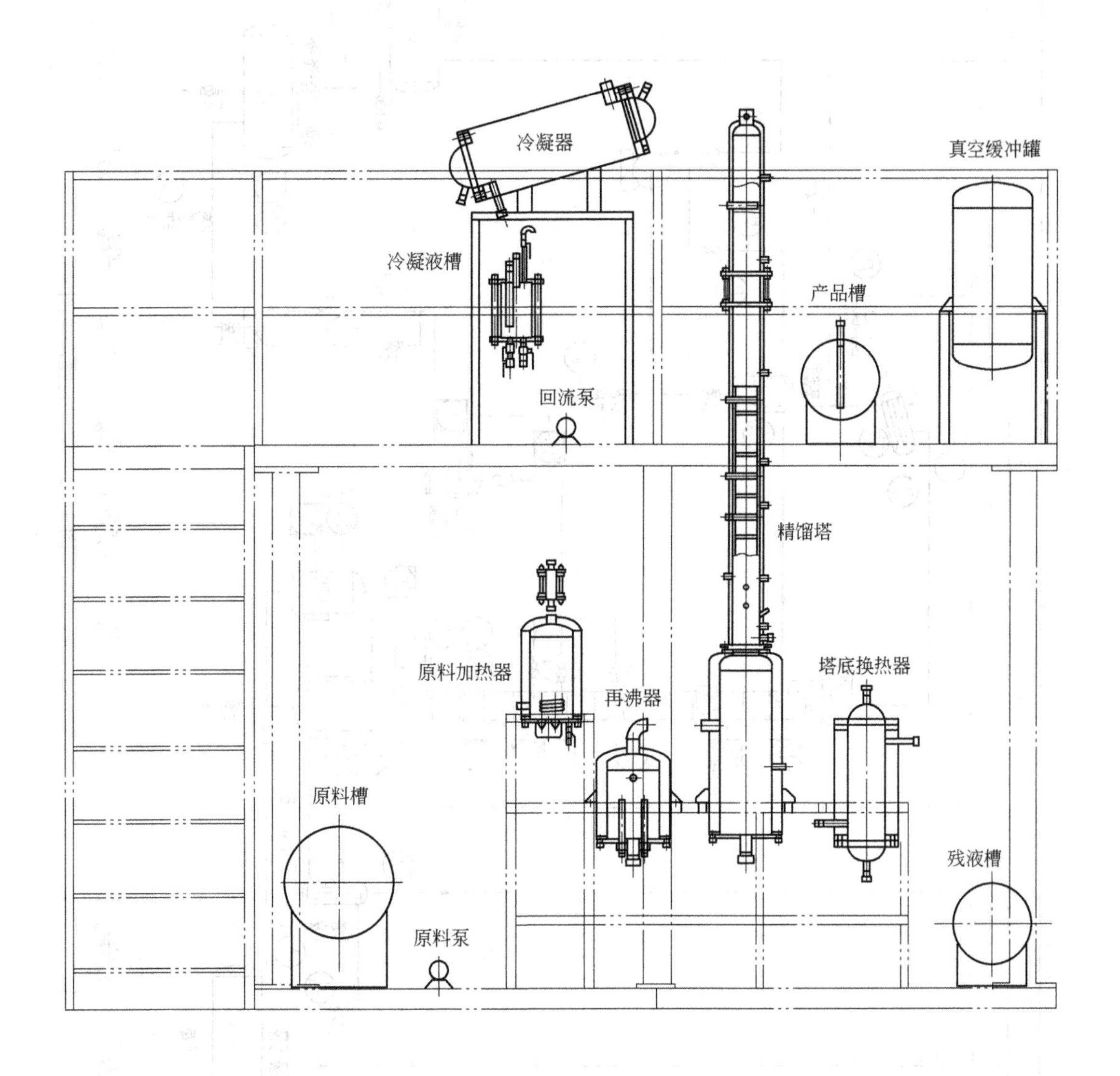

图3－1　实训装置立面布置图

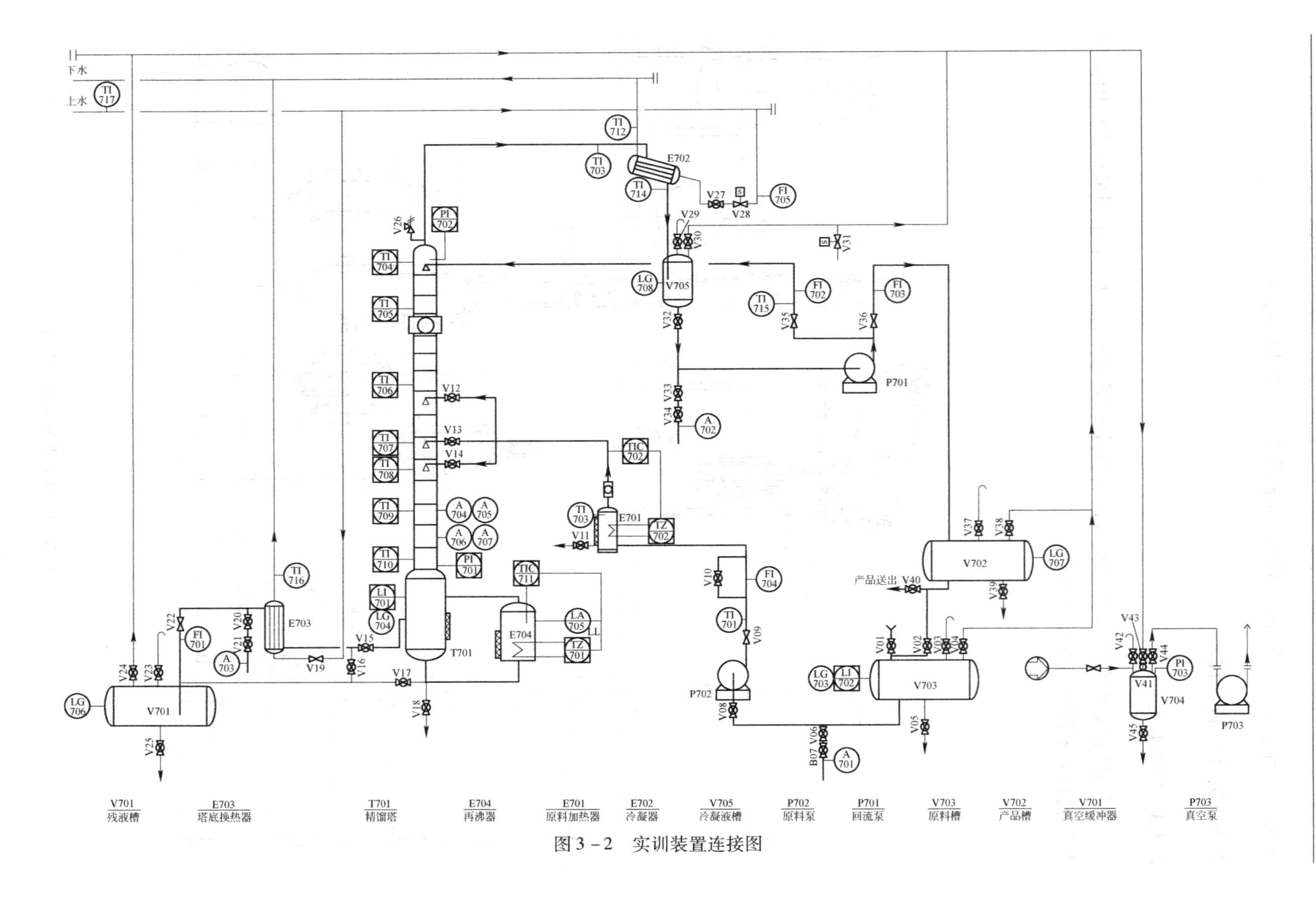
下水
上水
产品送出
V701
残液槽
E703
塔底换热器
T701
精馏塔
E704
再沸器
E701
原料加热器
E702
冷凝器
V705
冷凝液槽
P702
原料泵
P701
回流泵
V703
原料槽
V702
产品槽
V701
真空缓冲器
P703
真空泵

图 3-2　实训装置连接图

3.3.2 实训设备

3.3.2.1 静设备一览表

静设备一览表见表3－1。

表3－1 静设备一览表

编号	名 称	规 格 型 号	数量
1	残液槽	不锈钢（牌号SUS304，下同），ϕ300mm×680mm，V=40L	1
2	产品槽	不锈钢，ϕ300mm×680mm，V=40L	1
3	原料槽	不锈钢，ϕ400mm×825mm，V=84L	1
4	真空缓冲罐	不锈钢，ϕ300mm×680mm，V=40L	1
5	冷凝液槽	工业高硼硅视镜，ϕ108mm×200mm，V=1.8L	1
6	原料加热器	不锈钢，ϕ219mm×380mm，V=6.4L，P=2.5kW	1
7	冷凝器	不锈钢，ϕ260mm×780mm，F=0.7m^2	1
8	再沸器	不锈钢，ϕ273mm×380mm，P=4.5kW	1
9	塔底换热器	不锈钢，ϕ240mm×780mm，F=0.55m^2	1
10	精馏塔	主体不锈钢DN100；共14块塔板 塔釜：不锈钢塔釜ϕ273mm×680mm	1

3.3.2.2 动设备一览表

动设备一览表见表3－2。

表3－2 动设备一览表

编号	名 称	规 格 型 号	数量
1	回流泵	离心泵/齿轮泵	1
2	原料泵	离心泵/齿轮泵	1
3	真空泵	旋片式真空泵（流量4L/s）	1

3.3.2.3 生产技术指标

温度控制：预热器出口温度（具体根据原料的浓度来调整）：75～85℃，高限报警：H=85℃；

再沸器温度（具体根据原料的浓度来调整）：80～100℃，高限报警：H=100℃；

塔顶温度（具体根据产品的浓度来调整）：78～80℃；

流量控制：冷凝器上冷却水流量：120L/h；

进料流量：约10L/h；

回流流量由塔顶温度控制；

产品流量由冷凝液槽液位控制；

液位控制：塔釜液位：0～600mm，高限报警：$H=400$mm，低限报警：$L=200$mm；

原料槽液位：0～400mm，高限报警：$H=300$mm，低限报警：$L=100$mm；

压力控制：系统真空度：-0.02～-0.04MPa；

质量浓度控制：原料中乙醇含量：约20%；

塔顶产品乙醇含量：约94%；

塔底产品乙醇含量：<5%。

以上浓度分析指标是指用酒精比重计在样品冷却后进行粗测定的值，若分析方法改变，则应作相应换算。

3.3.3 实训流程

3.3.3.1 常压精馏流程

原料槽V703内约20%的水－乙醇混合液，经原料泵P702输送至原料加热器E701，预热后，由精馏塔中部进入精馏塔T701，进行分离，气相由塔顶馏出，经冷凝器E702冷却后，进入冷凝液槽V705，经回流泵P701，一部分送至精馏塔上部第一块塔板作回流用，另一部分送至塔顶产品槽V702作产品采出。塔釜残液经塔底换热器E703冷却后送到残液槽V701，也可不经换热，直接到残液槽V701。

3.3.3.2 真空精馏流程

本装置配置了真空流程，主物料流程如常压精馏流程。在原料槽V703、冷凝液槽V705、产品槽V702、残液槽V701均设置抽真空阀，被抽出的系统物料气体经真空总管进入真空缓冲罐V704，然后由真空泵P703抽出放空。

3.4 实训步骤

实训操作之前，请仔细阅读实训装置操作规程，以便完成实训操作。控制面板示意图见图3－3，控制面板对照表见表3－3。

（注：开车前应检查所有阀门、仪表所处状态。）

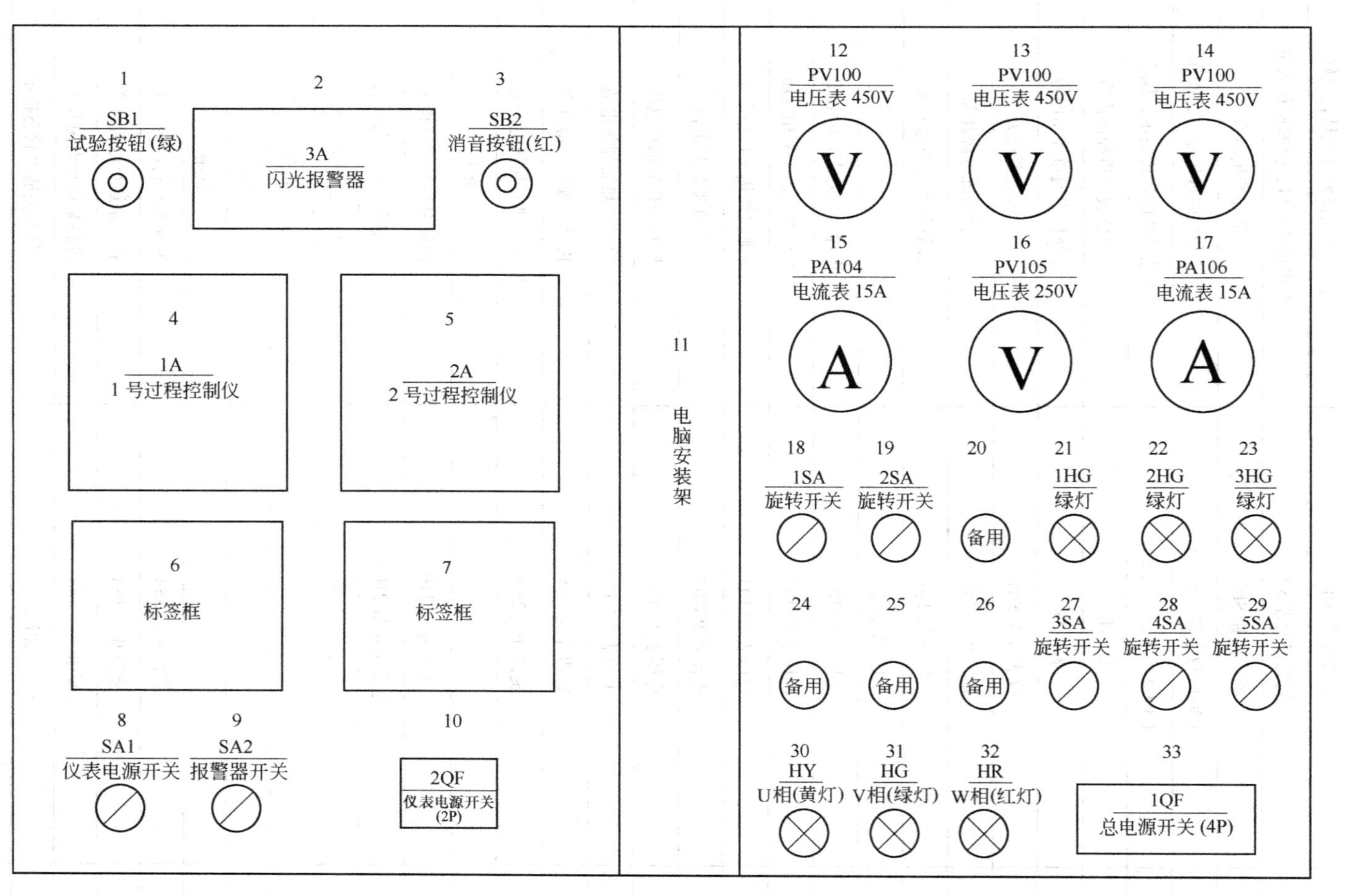
1
SB1
试验按钮(绿)
2
3A
闪光报警器
3
SB2
消音按钮(红)
4
1A
1号过程控制仪
5
2A
2号过程控制仪
6
标签框
7
标签框
8
SA1
仪表电源开关
9
SA2
报警器开关
10
2QF
仪表电源开关
(2P)
11
电脑安装架
12
PV100
电压表 450V
13
PV100
电压表 450V
14
PV100
电压表 450V
15
PA104
电流表 15A
16
PV105
电压表 250V
17
PA106
电流表 15A
18
1SA
旋转开关
19
2SA
旋转开关
20
备用
21
1HG
绿灯
22
2HG
绿灯
23
3HG
绿灯
24
备用
25
备用
26
备用
27
3SA
旋转开关
28
4SA
旋转开关
29
5SA
旋转开关
30
HY
U相(黄灯)
31
HG
V相(绿灯)
32
HR
W相(红灯)
33
1QF
总电源开关(4P)

图 3－3 控制面板示意图

表 3－3　控制面板对照表

序号	名　　称	功　　能
1	试验按钮 SB1	检查声光报警系统是否完好
2	闪光报警器 3A	发出报警信号，提醒操作人员
3	消音按钮 SB2	消除警报声音
4	C3000 仪表调节仪 1A	工艺参数的远传显示、操作
5	C3000 仪表调节仪 2A	工艺参数的远传显示、操作
6	标签框	注释仪表通道控制内容
7	标签框	注释仪表通道控制内容
8	仪表开关 SA1	仪表电源开关
9	报警开关 SA2	报警系统电源开关
10	空气开关 2QF	装置仪表电源总开关
11	电脑安装架	
12	电压表 PV101	再沸器加热 UV 相电压
13	电压表 PV102	再沸器加热 VW 相电压
14	电压表 PV103	再沸器加热 WU 相电压
15	电流表 PA104	再沸器加热电流
16	电压表 PV105	原料加热器加热电压
17	电流表 PA106	原料加热器加热电流
18	旋钮开关 1SA	再沸器加热电源开关
19	旋钮开关 2SA	原料加热器加热电源开关
20		备用
21	电源指示灯 1HG	回流泵运行状态指示
22	电源指示灯 2HG	真空泵运行状态指示
23	电源指示灯 3HG	进料泵运行状态指示
24		备用
25		备用
26		备用
27	旋钮开关 3SA	回流泵运行电源开关
28	旋钮开关 4SA	真空泵运行电源开关
29	旋钮开关 5SA	进料泵运行电源开关
30	黄色指示灯	空气开关通电状态指示
31	绿色指示灯	空气开关通电状态指示
32	红色指示灯	空气开关通电状态指示
33	空气开关 1QF	电源总开关

3.4.1 开车前准备

（1）由相关操作人员组成装置检查小组，对装置所有设备（如管道、阀门、仪表、电气、照明）和分析、保温等按工艺流程图要求和专业技术要求进行检查。

（2）检查所有仪表是否处于正常状态。

（3）检查所有设备是否处于正常状态。

（4）试电：

1）检查外部供电系统，确保控制柜上所有开关均处于关闭状态。

2）开启外部供电系统总电源开关。

3）打开控制柜上空气开关1QF（33）。

4）打开装置仪表电源总开关2QF，打开仪表电源开关SA1，查看所有仪表是否上电，指示是否正常。

5）将各阀门顺时针旋转操作到“关”的状态。

（5）准备原料：配制质量比约为20%的乙醇溶液60L，通过原料槽进料阀V01加入到原料槽，到其容积的1/2～2/3。

（6）开启公用系统。将冷却水管进水总管和自来水龙头相连。将冷却水出水总管接软管到下水道，以备待用。

3.4.2 开车

3.4.2.1 常压精馏操作

（1）关闭原料槽、原料加热器和再沸器排污阀（V05、V11、V18）、再沸器至塔底换热器连接阀门V17、塔釜出料阀V15、冷凝液槽出口阀V32、与真空系统的连接阀（V04、V24、V30、V37）。

（2）开启原料泵进出口阀V08、V09、精馏塔进料阀（根据操作，可选择阀V12、V13、V14中的任一阀门，此阀在整个实训操作过程中禁止关闭）、冷凝液槽放空阀V29。

（3）启动原料泵通过旁路快速进料，当观察到原料加热器上的视盅中有一定的料液后，可缓慢开启原料加热器加热系统，同时继续往精馏塔塔釜内加入原料液，调节好再沸器液位至其容积的1/2～2/3，并酌情停原料泵。

（4）启动精馏塔再沸器加热系统（首先在C3000A上手动控制加热功率大小，待温度缓慢升高到实验值时，调为自动，具体操作方法参见附录），当塔顶温度上升至50℃左右时，开启冷凝器冷却水进水阀V27，调节好冷却水流量，关闭冷凝液槽放空阀V29。

（5）当冷凝液槽液位达到1/3～2/3时，开冷凝液槽出料阀V32和回流阀V35，启动回流泵，系统进行全回流操作，控制冷凝液槽液位稳定，控制系统压力、温度稳定。当系统压力偏高时可通过冷凝液槽放空阀 V29 适当排放不凝性气体。

(6) 当精馏塔塔顶气相温度稳定于 78 ~ 79℃时（或较长时间回流后，精馏塔塔节上部几点温度趋于相等，接近酒精沸点温度，可视为系统全回流稳定）。用酒精比重计分析塔顶产品含量，当塔顶产品酒精含量大于 90%，塔顶采出产品合格。

(7) 开塔底换热器冷却水进口阀 V19，根据塔釜温度，开塔釜残液出料阀 V15、产品进料阀 V36、塔底换热器料液出口阀 V22。

(8) 当再沸器液位开始下降时，可启动原料泵，控制加热器加热功率为额定功率的 50% ~ 60%，原料液预热温度在 75 ~ 85℃，送入精馏塔。

(9) 调整精馏系统各工艺参数稳定，建立塔内平衡体系。

(10) 按时做好操作记录（操作报表见表 3 - 5 和表 3 - 6）。

3.4.2.2　减压精馏操作

(1) 关闭原料槽、原料加热器和再沸器排污阀（V05、V11、V18）、再沸器至塔底冷凝器连接阀门 V17、塔釜出料阀 V15、冷凝液槽出口阀 V32。

(2) 开启原料泵进出口阀 V08、V09、精馏塔进料阀（根据操作，可选择阀 V12、V13、V14 中的任一阀门，此阀在整个实训操作过程中禁止关闭）、冷凝液槽放空阀 V29。

(3) 开启真空缓冲罐抽真空阀 V44，关闭真空缓冲罐进气阀 V43，关闭真空缓冲罐放空阀 V42。

(4) 启动真空泵，当真空缓冲罐压力达到 -0.06MPa 时，缓慢开启真空缓冲罐进气阀 V43 并开启各储槽的抽真空阀门（V24、V30、V38、V04、V43）。当系统真空压力达到 -0.02 ~ -0.04MPa 时，关真空缓冲罐抽真空阀 V44，停真空泵，其中真空度控制采用间歇启动真空泵方式，当系统真空度高于 -0.04MPa 时，停真空泵；当系统真空度低于 -0.02MPa 时，启动真空泵。

(5) 启动原料泵通过旁路快速进料，当观察到预热器上的视盅中有一定的料液后，可缓慢开启原料加热器加热系统，同时继续往精馏塔塔釜内加入原料液，调节好再沸器液位至其容积的 1/2 ~ 2/3，并酌情停原料泵。

(6) 启动精馏塔再沸器加热系统（首先在 C3000A 上手动控制加热功率大小，待压力缓慢升高到实验值时，调为自动，其具体操作方法参见附录），当塔顶温度上升至 50℃左右时开启塔顶冷凝器冷却水进水阀 V27，调节好冷却水流量，关闭冷凝液槽放空阀 V29。

(7) 当冷凝液槽液位达到 1/3 ~ 2/3 时，开冷凝液槽出料阀 V32 和回流阀 V35，启动回流泵，系统进行全回流操作，控制冷凝液槽液位稳定，控制系统压力、温度稳定。当系统压力偏高时可通过调节真空泵抽气量适当排放不凝性气体。

（8）当精馏塔塔顶气相温度稳定（具体温度应根据系统真空度换算确定）时（或较长时间回流后，精馏塔塔节上部几点温度趋于相等，接近酒精沸点温度，可视为系统全回流稳定），用酒精比重计分析塔顶产品含量，当塔顶产品酒精含量大于90%，塔顶采出产品合格。

（9）开塔底换热器冷却水进口阀 V19，根据塔釜温度，开塔釜残液出料阀 V15、产品进料阀 V36、塔底换热器料液出口阀 V22。

（10）当再沸器液位开始下降时，可启动原料泵，控制加热器加热功率为额定功率的50%~60%，原料液预热温度为75~85℃，送入精馏塔。

（11）调整精馏系统各工艺参数使其工作稳定，建立塔内平衡体系。

（12）按时做好操作记录。

3.4.3 停车操作

3.4.3.1 常压精馏停车

（1）系统停止加料，停止预热器加热，关闭原料泵进、出口阀，停原料泵。

（2）根据塔内物料情况，停止再沸器加热。

（3）当塔顶温度下降，无冷凝液馏出后，关闭塔顶冷凝器冷却水进水阀，停冷却水，停回流泵，关泵的进、出口阀。

（4）当再沸器和预热器物料冷却后，开再沸器和预热器排污阀，放出预热器及再沸器内物料，开塔底冷凝器排污阀，塔底产品槽排污阀，放出塔底冷凝器内物料和塔底产品槽内物料。

（5）停控制台、仪表盘电源。

（6）做好设备及现场的整理工作。

3.4.3.2 减压精馏停车

（1）系统停止加料，停止原料预热器加热，关闭原料液泵进、出口阀，停原料泵。

（2）根据塔内物料情况，停止再沸器加热。

（3）当塔顶温度下降，无冷凝液馏出后，关闭塔顶冷凝器冷却水进水阀，停冷却水，停回流泵，关泵的进、出口阀。

（4）当系统温度降到40℃左右，缓慢开启真空缓冲罐放空阀门，破除真空，然后开精馏系统各处放空阀（开阀门速度应缓慢），破除系统真空，系统回复至常压状态。

（5）当再沸器和预热器物料冷却后，开再沸器和预热器排污阀，放出预热器及再沸器内物料，开塔底冷凝器排污阀，塔底产品槽排污阀，放出塔底冷凝器内物料和塔底产品槽内物料。

（6）停控制台、仪表盘电源。

（7）做好设备及现场的整理工作。

3.4.4 正常操作注意事项

（1）精馏塔系统采用自来水作试漏检验时，系统加水速度应缓慢，系统高点排气阀应打开，密切监视系统压力，严禁超压。

（2）再沸器内液位高度一定要超过100mm，才可以启动再沸器电加热器进行系统加热，严防干烧损坏设备。

（3）原料加热器启动时应保证液位满罐，严防干烧损坏设备。

（4）精馏塔釜加热应逐步增加加热电压，使塔釜温度缓慢上升，升温速度过快，会造成塔视镜破裂（热胀冷缩），使大量轻、重组分同时蒸发至塔釜内，延长塔系统达到平衡时间。

（5）精馏塔塔釜初始进料时进料速度不宜过快，防止塔系统进料速度过快、造成满塔。

（6）系统全回流时应控制回流流量和冷凝流量基本相等，使回流液槽保持一定液位，防止回流泵抽空。

（7）系统全回流流量控制在6～10L/h，保证塔系统气液接触效果良好，塔内鼓泡明显。

（8）减压精馏时，系统真空度不宜过高，控制在-0.02～-0.04MPa，真空度控制采用间歇启动真空泵方式。当系统真空度高于-0.04MPa时，停真空泵；当系统真空度低于-0.02MPa时，启动真空泵。

（9）减压精馏采样为双阀采样，操作方法为：先开上端采样阀，当样液充满上端采样阀和下端采样阀间的管道时，关闭上端采样阀，开启下端采样阀，用量筒接取样液，采样后关下端采样阀。

（10）在系统进行连续精馏时，应保证进料流量和采出流量基本相等，各处流量计操作应互相配合，默契操作，保持整个精馏过程的操作稳定。

（11）塔顶冷凝器的冷却水流量应保持在100～120L/h间，保证出冷凝器塔顶液相在30～40℃间、塔底冷凝器产品出口保持在40～50℃间。

（12）分析方法可以为酒精比重计分析或色谱分析。

3.4.5 设备维护及检修

（1）泵的开、停，正常操作及日常维护。

（2）系统运行结束后，相关操作人员应对设备进行维护，保持现场、管路、阀门清洁，方可以离开现场。

（3）定期组织学生进行系统检修演练。

3.4.6 异常现象及处理

异常现象及处理见表3－4。

表3－4 异常现象及处理

异常现象	原因分析	处理方法
精馏塔液泛	（1）塔负荷过大； （2）回流量过大； （3）塔釜加热过猛	（1）减小负荷； （2）调节加料量，降低釜温；减小回流，加大采出； （3）减小加热量
系统压力增大	（1）不凝气积聚； （2）采出量少； （3）塔釜加热功率过大	（1）排放不凝气； （2）加大采出量； （3）调整加热功率
塔压差大	（1）负荷大； （2）回流量不稳定； （3）液泛	（1）减小负荷； （2）调节回流比； （3）按液泛情况处理

3.4.7 故障模拟——正常操作中的故障扰动（故障设置实训）

在精馏正常操作中，由教师给出隐蔽指令，通过不定时改变某些阀门的工作状态来扰动精馏系统正常的工作状态，分别模拟出实际精馏生产过程中的常见故障，学生根据各参数的变化情况、设备运行异常现象，分析故障原因，找出故障并动手排除故障，以提高学生对工艺流程的认识度和实际动手能力。

（1）塔顶冷凝器无冷凝液产生：在精馏正常操作中，教师给出隐蔽指令（关闭塔顶冷却水入口的电磁阀V28），停通冷却水，学生通过观察温度、压力及冷凝器冷凝量等的变化，分析系统异常的原因并作处理，使系统恢复到正常操作状态。

（2）真空泵全开时系统无负压：在减压精馏正常操作中，教师给出隐蔽指令（打开真空管道中的电磁阀V31），使管路直接与大气相通，学生通过观察压力、塔顶冷凝器冷凝量等的变化，分析系统异常的原因并作处理，使系统恢复到正常操作状态。

3.5 实训报告要求

（1）简述精馏实训目的及任务、原理、操作过程。

（2）以小组为单位填写实训记录表（见表3－5和表3－6）。

表 3－5　常压精馏实训记录表

序号	时间	进料系统				塔系统											冷凝系统				回流系统				残液系统		
		原料槽液位/mm	进料流量/L·h^{-1}	预热器加热开度/%	进料温度/℃	塔釜液位/mm	再沸器加热开度/%	再沸器温度/℃	第三塔板温度/℃	第七塔板温度/℃	第十塔板温度/℃	第十一塔板温度/℃	第十三塔板温度/℃	塔釜蒸汽温度/℃	塔釜压力/MPa	塔顶压力/MPa	塔顶蒸汽温度/℃	冷凝液温度/℃	冷却水流量/L·h^{-1}	冷却水出口温度/℃	塔顶温度/℃	回流温度/L·h^{-1}	回流流量/L·h^{-1}	产品流量/L·h^{-1}	残液流量/L·h^{-1}	冷却水流量/L·h^{-1}	阀V16开闭
1																											
2																											
3																											
4																											
5																											
6																											
7																											
8																											
9																											
10																											
11																											
12																											
操作记事																											
异常现象记录																											
操作人：												指导老师：															

表 3－6 真空精馏缓冲罐压力实训记录表

序号	时间	进料系统				塔系统											冷凝系统				回流系统				残液系统		
		原料槽液位/mm	进料流量/L·h^{-1}	预热器加热开度/%	进料温度/℃	塔釜液位/mm	再沸器加热开度/%	再沸器温度/℃	第三塔板温度/℃	第七塔板温度/℃	第十塔板温度/℃	第十一塔板温度/℃	第十三塔板温度/℃	塔釜蒸汽温度/℃	塔釜压力/MPa	塔顶压力/MPa	塔顶蒸汽温度/℃	冷凝液温度/℃	冷却水流量/L·h^{-1}	冷却水出口温度/℃	塔顶温度/℃	回流温度/L·h^{-1}	回流流量/L·h^{-1}	产品流量/L·h^{-1}	残液流量/L·h^{-1}	冷却水流量/L·h^{-1}	阀V16开闭
1																											
2																											
3																											
4																											
5																											
6																											
7																											
8																											
9																											
10																											
11																											
12																											
操作记事																											
异常现象记录																											
操作人：											指导老师：																

4 蒸发操作实训

4.1 实训目的及任务

【目的】

（1）按照蒸发实训设备的开机前检查与准备、开机、正常工况巡检、停机及故障处理相关安全规程、设备规程、技术规程的要求，掌握蒸发实训设备开机前检查与准备、开机、正常工况巡检、停机及故障处理操作技能。

（2）操作过程中能按照实训规程，控制温度、流量、压力等参数，获得较好的技术经济指标。

（3）能按照要求填写原始记录及设备运行记录。

【任务】

（1）能按要求准备好实训所需材料。

（2）能按开机要求进行系统安全检查。

（3）能按开机要求进行系统试运行。

（4）能做好进料前的准备工作。

（5）能按安全技术操作规程正确进行开机作业。

（6）能按安全技术操作规程正确进行正常工况巡检作业。

（7）能读懂各种仪表显示数据。

（8）能填写各种生产原始记录。

（9）能操作 DCS 对设备参数进行调控。

（10）能填写设备运行记录。

4.2 实训原理

蒸发就是含有不挥发溶质的溶液的浓缩。在化工、轻工、制药、食品等许多工业行业的生产过程中，常常需要将溶有固体溶质的稀溶液浓缩，以达到符合工艺要求的浓度，或析出固体产品，或回收汽化出来的溶剂。例如，由电解法制得的烧碱（NaOH）溶液中，只含有10%左右的 NaOH，要达到工艺要求约42%的浓度必须用蒸发操作除去部分水分，或将浓缩液结合其他操作进一步加工处理以获得固碱；食糖、果汁、奶粉、抗生素等的生产也需要利用蒸发操作使溶液得到浓缩；利用蒸发操作可使海水淡化（制取淡水）。

本装置是以“NaOH－水溶液”为体系，选用升膜式蒸发器，以导热油代替水蒸气作为热源，结合高校实训教学大纲要求设计而成的。

4.3　实训设备及流程

4.3.1　实训装置

实训装置连接图见图4－1，装置立面布置图见图4－2。本实训采用浙江中控科教仪器设备有限公司生产的装置。

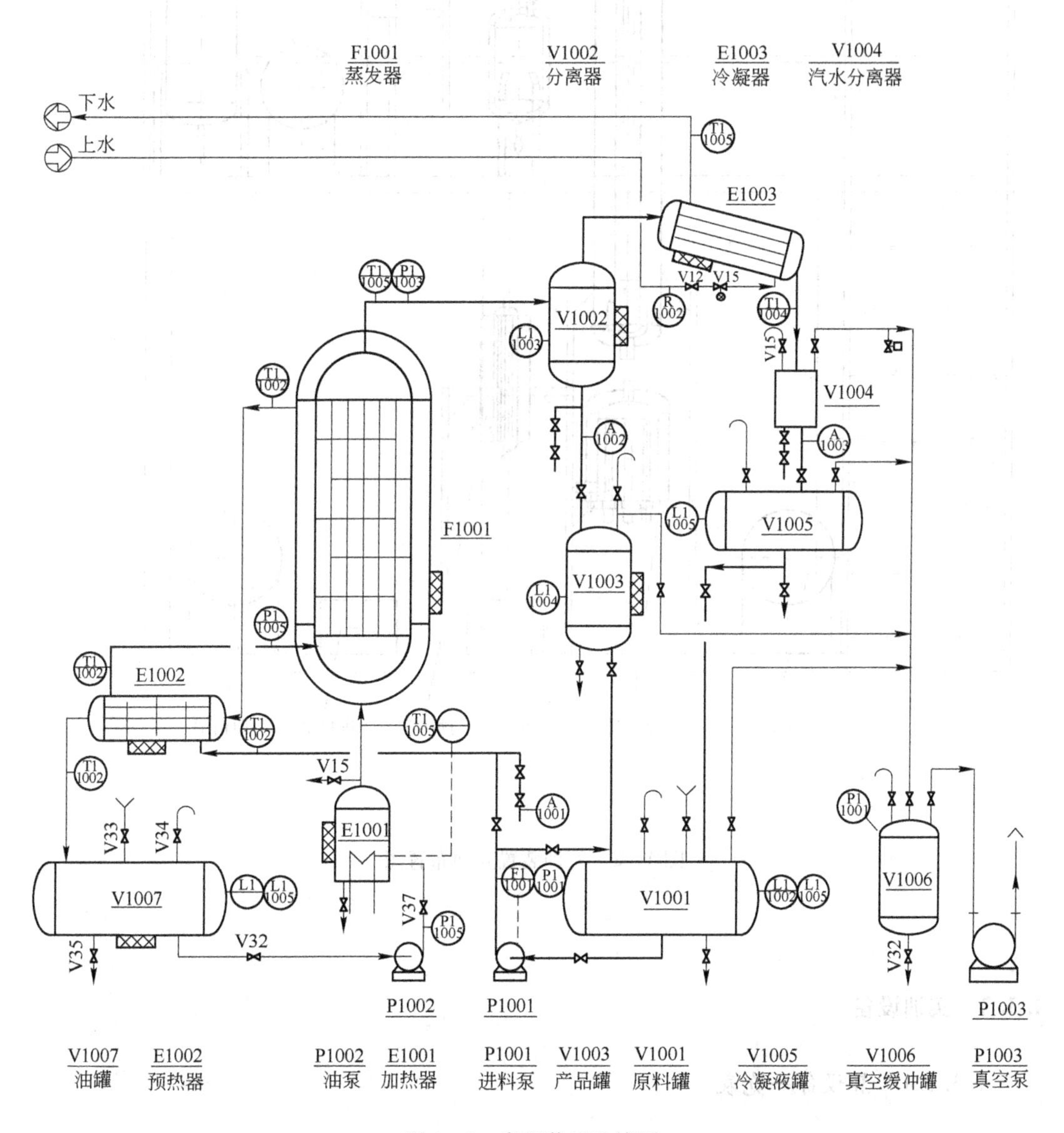

图4－1　实训装置连接图

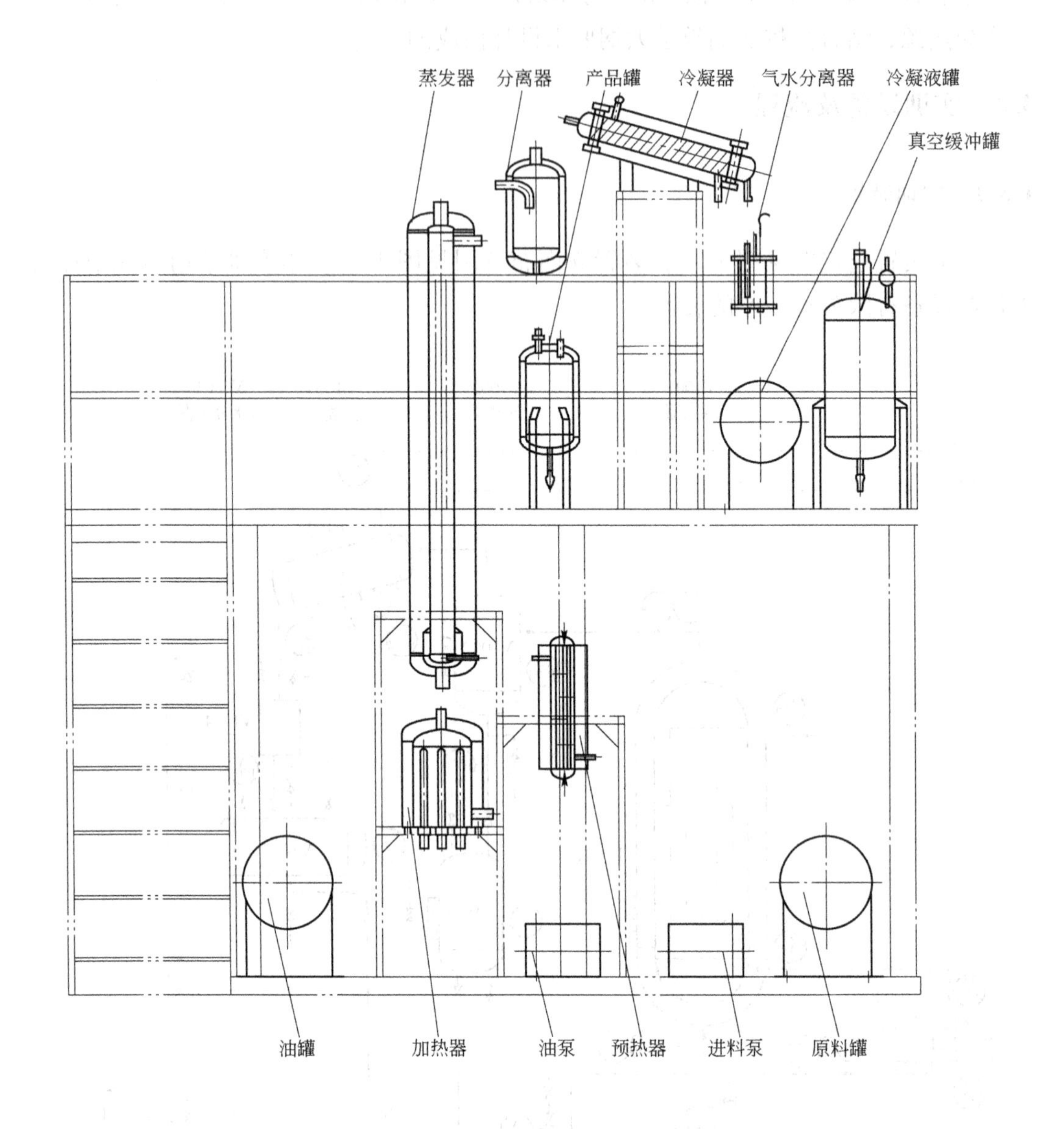

图4-2　实训装置立面布置图

4.3.2　实训设备

4.3.2.1　静设备一览表

静设备一览表见表4-1。

表4－1 静设备一览表

编号	名称	规格型号	材质	形式
1	原料罐	ϕ400mm×800mm，V=92L	不锈钢	卧式
2	分离器	ϕ250mm×480mm，V=13L	不锈钢	立式
3	产品罐	ϕ300mm×460mm，V=21L	不锈钢	立式
4	气水分离器	ϕ100mm×200mm，V=1.5L	不锈钢	立式
5	冷凝液罐	ϕ350mm×780mm，V=65L	不锈钢	卧式
6	油罐	ϕ400mm×850mm，V=65L	不锈钢	卧式
7	加热器	ϕ350mm×570mm， 加热功率P=22kW	不锈钢	立式
8	预热器	ϕ200mm×800mm，F=0.26m^2	不锈钢	卧式
9	蒸发器	ϕ273mm×2100mm，F=1.1m^2	不锈钢	立式
10	冷凝器	ϕ200mm×780mm，F=0.26m^2	不锈钢	卧式
11	真空缓冲罐	ϕ300mm×680mm，V=45L	不锈钢	立式

4.3.2.2 动设备一览表

动设备一览表见表4－2。

表4－2 动设备一览表

编号	名称	规格型号	数量
1	油泵	功率P=0.75kW，流量Q_{max}=4.5m^3/h，U=380V	1
2	进料泵	功率P=90W，流量Q_{max}=42L/h，U=220V	1
3	真空泵	流量Q_{max}=4L/s，U=380V	

4.3.2.3　各项工艺操作指标

压力控制：系统真空度：－0.02～－0.04MPa；
温度控制：加热器出口导热油温度：140～150℃；
冷却器出口液体温度：约50℃；
流量控制：进料流量：约25L/h；
冷却器冷却水流量：约0.4m^3/h；
液位控制：油罐液位：100～300mm，低位报警 $L=100$mm；
原料罐液位：100～300mm，高位报警 $H=300$mm，低位报警 $L=100$mm。

4.3.3　工艺流程

4.3.3.1　常压蒸发流程

原料罐V1001内的NaOH水溶液由进料泵P1001进入预热器E1002的管程，被管程的高温导热油预热后，进入蒸发器F1001的管程，受热沸腾迅速气化，蒸气在管内高速上升，带动溶液沿壁面成膜状上升并继续蒸发。到达分离器V1002内的气液混合物，在分离器内分离，产品由分离器底部排除到产品罐；二次蒸气从顶部导出到冷凝器E1003的管程，被管程的冷却水冷凝后，到达气水分离器V1004，再次分离不凝气体后，液体收集到冷凝液罐V1005。

4.3.3.2　真空蒸发流程

本装置配置了真空流程，主物料流程如常压蒸发流程。在原料罐V1001、产品罐V1003、气水分离器V1004、冷凝液罐V1005均设置抽真空阀，被抽出的系统物料气体经真空总管进入真空缓冲罐V1006，然后由真空泵P1003抽出放空。

4.3.3.3　导热油流程

油罐V1007内的导热油经油泵P1002到达加热器E1001被加热到一定的温度后，进入蒸发器F1001的管程，给原料提供热源后到达预热器E1002的管程，对原料进行预热，回流到油罐V1007，进行循环。

4.4　实训操作

实训操作之前，请仔细阅读实验装置操作规程，以便完成实训操作。

控制面板示意图见图4－3，控制面板对照表见表4－3。

（注：开车前应检查所有阀门、仪表所处状态。）

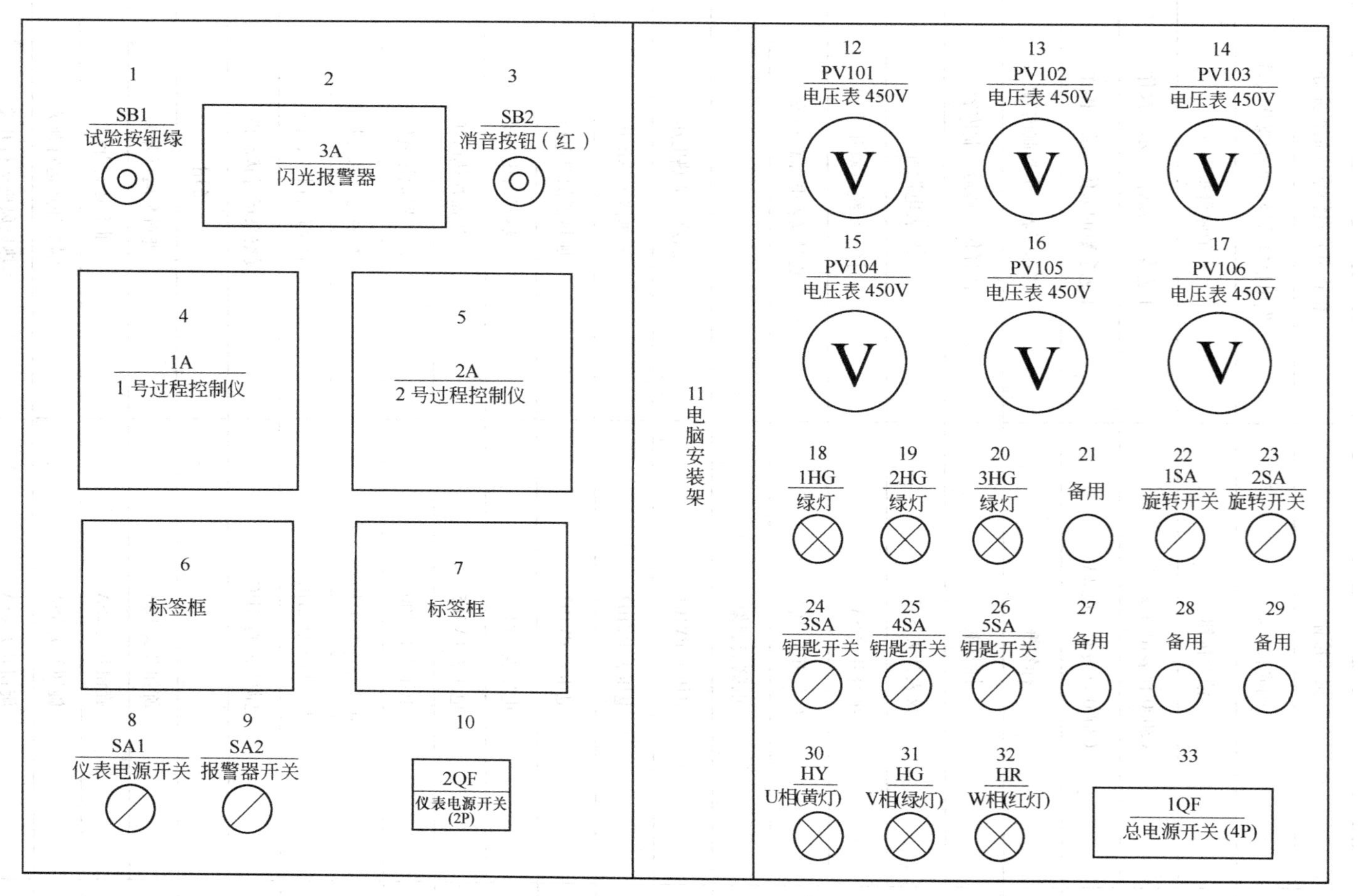
1
SB1
试验按钮绿
2
3A
闪光报警器
3
SB2
消音按钮（红）
4
1A
1号过程控制仪
5
2A
2号过程控制仪
6
标签框
7
标签框
8
SA1
仪表电源开关
9
SA2
报警器开关
10
2QF
仪表电源开关
(2P)
11
电脑安装架
12
PV101
电压表 450V
13
PV102
电压表 450V
14
PV103
电压表 450V
15
PV104
电压表 450V
16
PV105
电压表 450V
17
PV106
电压表 450V
V
18
1HG
绿灯
19
2HG
绿灯
20
3HG
绿灯
21
备用
22
1SA
旋转开关
23
2SA
旋转开关
24
3SA
钥匙开关
25
4SA
钥匙开关
26
5SA
钥匙开关
27
备用
28
备用
29
备用
30
HY
U相(黄灯)
31
HG
V相(绿灯)
32
HR
W相(红灯)
33
1QF
总电源开关(4P)

图4-3 控制面板示意图

表4-3　控制面板对照表

序号	名　称	功　能
1	试验按钮	检查声光报警系统是否完好
2	闪光报警器	发出报警信号，提醒操作人员
3	消音按钮	消除警报声音
4	C3000仪表调节仪1A	工艺参数的远传显示、操作
5	C3000仪表调节仪2A	工艺参数的远传显示、操作
6	标签框	注释仪表通道控制内容
7	标签框	注释仪表通道控制内容
8	仪表开关SA1	仪表电源开关
9	报警开关SA2	报警系统电源开关
10	空气开关2QF	装置仪表电源总开关
11	电脑安装架	
12	电压表PV101	加热器加热电压
13	电压表PV102	加热器加热电压
14	电压表PV103	加热器加热电压
15	电压表PV104	加热器加热电压
16	电压表PV105	加热器加热电压
17	电压表PV106	加热器加热电压
18	电源指示灯1HG	进料泵运行状态指示
19	电源指示灯2HG	油泵运行状态指示
20	电源指示灯3HG	真空泵运行状态指示
21		备用
22	旋钮开关1SA	进料泵运行开关
23	旋钮开关2SA	油泵运行开关
24	旋钮开关3SA	锅炉加热运行开关
25	旋钮开关4SA	热风风机运行开关
26	旋钮开关5SA	冷风风机运行开关
27		备用

续表 4－3

序号	名　　称	功　　能
28		备用
29		备用
30	黄色指示灯	空气开关通电状态指示
31	绿色指示灯	空气开关通电状态指示
32	红色指示灯	空气开关通电状态指示
33	空气开关 1QF	电源总开关

4.4.1 开车前准备

（1）由相关操作人员组成装置检查小组，对装置所有设备（如管道、阀门、仪表、电气）和分析、保温等按工艺流程图要求和专业技术要求进行检查。

（2）检查所有仪表是否处于正常状态。

（3）检查所有设备是否处于正常状态。

（4）试电：

1）检查外部供电系统，确保控制柜上所有开关均处于关闭状态。

2）开启总电源开关。

3）打开控制柜上空气开关 1QF（33）。

4）打开装置仪表电源总开关 2QF，打开仪表电源开关 SA1，查看所有仪表是否上电，指示是否正常。

5）将各阀门顺时针旋转操作到“关”的状态。

（5）准备原料。配制 70L 质量浓度为 1% 的 NaOH 水溶液，备用。

4.4.2 开车

4.4.2.1 常压开车

（1）观察油罐 V1007 内是否有液位，可以酌情补充，保证其正常液位。

（2）开启油泵进料阀 V36，启动油泵 P1002，开启油泵出口阀 V37，向系统内进导热油。待蒸发器顶有导热油流下时，开启加热器 E1001 的加热系统（首先在 C3000A 上手动控制加热功率大小，待温度缓慢升高到实验值时，调为自动，其具体操作方法参见附录），使导热油循环。

（3）当加热器出口的导热油温度基本稳定在 140～150℃时，开始进原料。

（4）打开阀门 V01、V02，将事先配制好的原料加入到原料罐 V1001 内。打开阀门 V05、V06、V07、V19，启动进料泵 P1001，向系统内进料液。当预热器出口料液温度高于50℃时，开启冷凝器的冷却水进水阀V17。

（5）当分离器V1002液位达到1/3时，开产品罐进料阀V12；当气水分离器V1004内液位达到1/3时，开启冷凝液罐V1005进料阀V25。当系统压力偏高时，可通过气水分离器放空阀V19适当排放不凝性气体。

（6）当蒸发器塔顶气相温度稳定于100.3℃时，取样分析产品和冷凝液的纯度。当产品达到要求时，继续采出产品和冷凝液；当产品纯度不符合要求时，通过产品罐循环阀V15、冷凝液罐循环阀V27原料继续蒸发，直到采出合格的产品。

（7）调整系统各工艺参数稳定，建立平衡体系。

（8）按时做好操作记录（操作报表见表4－6和表4－7）。

4.4.2.2　减压操作

（1）观察油罐V1007内是否有液位，可以酌情补充，保证其正常液位。

（2）开启油泵进料阀V36，启动油泵P1002，开启油泵出口阀V37，向系统内进导热油。待蒸发器顶有导热油流下时，开启加热器E1001的加热系统（首先在C3000A上手动控制加热功率大小，待温度缓慢升高到实验值时，调为自动，其具体操作方法见附录），使导热油循环。

（3）当加热器出口的导热油温度基本稳定在140～150℃时，开始抽真空。

（4）开启真空缓冲罐抽真空阀V31，关闭真空缓冲罐进气阀V30，关闭真空缓冲罐放空阀V29。

（5）启动真空泵，当真空缓冲罐压力达到－0.06MPa时，缓慢开启真空缓冲罐进气阀V30及开启各储槽的抽真空阀门（V03、V16、V20、V26）。当系统真空压力达到－0.02～－0.04MPa时，关真空缓冲罐抽真空阀V31，停真空泵，其中真空度控制采用间歇启动真空泵方式，当系统真空度大于－0.04MPa时，停真空泵；当系统真空度小于－0.02MPa时，启动真空泵。

（6）打开阀门V01、V02，将事先配制好的原料加入到原料罐V1001内。打开阀门V05、V06、V07、V19，启动进料泵P1001，向系统内进料液。当预热器出口料液温度高于50℃时，开启冷凝器的冷却水进水阀V17。

（7）当分离器V1002液位达到1/3时，开产品罐进料阀V12；当气水分离器V1004内液位达到1/3时，开启冷凝液罐V1005进料阀V25。当系统压力偏高时，可通过气水分离器放空阀V19适当排放不凝性气体。

（8）当蒸发器塔顶气相温度稳定于100.3℃时，取样分析产品和冷凝液的纯度。当产品达到要求时，继续采出产品和冷凝液；当产品纯度不符合要求时，通过产品罐循环阀V15、冷凝液罐循环阀V27原料继续蒸发，直到采出合格的产品。

（9）调整系统各工艺参数稳定，建立平衡体系。

（10）按时做好操作记录（操作报表见表4－6和表4－7）。

4.4.3 停车操作

4.4.3.1 常压停车

(1) 系统停止进料，关闭原料泵进、出口阀，停进料泵。

(2) 当塔顶分离器液位无变化、无冷凝液馏出后，关闭塔顶冷凝器冷却水进水阀，停冷却水。

(3) 停止加热器加热系统。

(4) 当分离器、气水分离器内的液体排放完时，关闭相应阀门。

(5) 当加热器出口导热油温度小于100℃时，关闭油泵出口阀，停止油泵。

(6) 打开加热器排污阀 V38、蒸发器排污阀 V39，将系统内的导热油回收到油罐。

(7) 停控制台、仪表盘电源。

(8) 做好设备及现场的整理工作。

4.4.3.2 减压停车

(1) 系统停止进料，关闭原料泵进、出口阀，停进料泵。

(2) 当塔顶分离器液位无变化、无冷凝液馏出后，关闭塔顶冷凝器冷却水进水阀，停冷却水。

(3) 停止加热器加热系统。

(4) 当分离器、气水分离器内的液体排放完时，关闭相应阀门。

(5) 当系统温度降到40℃左右，缓慢开启真空缓冲罐放空阀门，破除真空，系统回复至常压状态。

(6) 当加热器出口导热油温度小于100℃时，关闭油泵出口阀，停止油泵。

(7) 打开加热器排污阀 V38、蒸发器排污阀 V39，将系统内的导热油回收到油罐。

(8) 停控制台、仪表盘电源。

(9) 做好设备及现场的整理工作。

4.4.4 正常操作注意事项

(1) 系统采用自来水作试漏检验时，系统加水速度应缓慢，系统高点排气阀应打开，密切监视系统压力，严禁超压。

(2) 加热器加热系统启动时应保证液位满罐，严防干烧损坏设备。

(3) 油罐内导热油应控制在其正常液位，防止油加热膨胀，使导热油系统压力偏高。

（4）蒸发器初始进料时进料速度不宜过快，防止物料没有气化，影响蒸发效果。

（5）减压时，系统真空度不宜过高，控制在 -0.02 ~ -0.04MPa，真空度控制采用间歇启动真空泵方式。当系统真空度高于 -0.04MPa 时，停真空泵；当系统真空度低于 -0.02MPa 时，启动真空泵。

（6）减压蒸发采样为双阀采样，操作方法为：先开上端采样阀，当样液充满上端采样阀和下端采样阀间的管道时，关闭上端采样阀，开启下端采样阀，用量筒接取样液，采样后关下端采样阀。

（7）塔顶冷凝器的冷却水流量应保持在 400 ~ 600L/h 间，保证出冷凝器塔顶液相温度在 30 ~ 40℃间、塔底冷凝器产品出口温度保持在 40 ~ 50℃间。

（8）所有阀门的名称见表 4 -4。

表 4 -4　阀门名称

序号	编号	设备阀门功能	序号	编号	设备阀门功能
1	V01	原料罐放空阀	21	V21	真空系统故障电磁阀
2	V02	原料罐进料阀	22	V22	冷凝液取样减压阀
3	V03	原料罐抽真空阀	23	V23	冷凝液取样阀
4	V04	原料罐排污阀	24	V24	冷凝液罐放空阀
5	V05	原料罐出料阀	25	V25	冷凝液罐进料阀
6	V06	进料泵出口回流阀	26	V26	冷凝液罐放空阀
7	V07	进料泵出口阀	27	V27	冷凝液回流阀
8	V08	原料取样减压阀	28	V28	冷凝液排污阀
9	V09	原料取样阀	29	V29	真空缓冲罐放空阀
10	V10	产品取样减压阀	30	V30	真空缓冲罐进料阀
11	V11	产品取样阀	31	V31	真空缓冲罐抽真空阀
12	V12	产品罐进料阀	32	V32	真空缓冲罐排污阀
13	V13	产品罐放空阀	33	V33	油罐进料阀
14	V14	产品罐排污阀	34	V34	油罐放空阀
15	V15	产品回流阀	35	V35	油罐排污阀
16	V16	产品罐抽真空阀	36	V36	油罐出料阀
17	V17	冷凝器进冷却水流量调节阀	37	V37	油泵出口阀
18	V18	冷凝器进冷却水故障电磁阀	38	V38	加热器排污阀
19	V19	汽水分离器放空阀	39	V39	蒸发器和预热器排污阀
20	V20	汽水分离器抽真空阀			

4.4.5 设备维护及检修

（1）泵的开、停，正常操作及日常维护。

（2）系统运行结束后，相关操作人员应对设备进行维护，保持现场、管路、阀门清洁，方可以离开现场。

（3）定期组织学生进行系统检修演练。

4.4.6 异常现象及处理

异常现象及处理见表4－5。

表4－5 异常现象及处理

异常现象	原因	处理方法
蒸发器内压力偏高	蒸发器内不凝气体集聚或冷凝液集聚	排放不凝气体或冷凝液
换热器发生振动	冷流体或热流体流量过大	调节冷流体或热流体流量
产品纯度偏低	加热器出口导热油温度偏低	调整加热器内的加热功率或降低原料进料流量

4.4.7 故障模拟——正常操作中的故障扰动（故障设置实训）

在正常操作中，由教师给出隐蔽指令，通过不定时改变某些阀门、加热器或风机的工作状态来扰动传热系统正常的工作状态，分别模拟实际生产工艺过程中的常见故障，学生根据各参数的变化情况、设备运行异常现象，分析故障原因，找出故障并动手排除故障，以提高学生对工艺流程的认识度和实际动手能力。

（1）塔顶冷凝器无冷凝液产生：在蒸发正常操作中，教师给出隐蔽指令，（关闭塔顶冷却水入口的电磁阀 V18）停通冷却水，学生通过观察温度、压力及冷凝器冷凝量等的变化，分析系统异常的原因并作处理，使系统恢复到正常操作状态。

（2）真空泵全开时系统无负压：在减压蒸发正常操作中，教师给出隐蔽指令，（打开真空管道中的电磁阀 V21）使管路直接与大气相通，学生通过观察压力、塔顶冷凝器冷凝量等的变化，分析系统异常的原因并作处理，使系统恢复到正常操作状态。

4.5 实训报告要求

（1）简述蒸发实训目的及任务、原理、操作过程。

（2）以小组为单位填写实训记录表（见表4－6和表4－7）。

表4-6　导热油系统操作报表

序号	时间	打开阀门	导热油系统热风系统								冷风进口温度/℃	冷风出口温度/℃	热风进口温度/℃	热风出口温度/℃
			油罐液位/mm	油泵进口压力/MPa	加热器进口温度/℃	加热器出口温度/℃	油泵出口压力/MPa	加热器电加热的开度/%	加热器进口温度/℃	加热器出口温度/℃				
1														
2														
3														
4														
5														
6														
操作记事														
异常情况记录														
操作人：							指导老师：							

表 4－7 列管式换热（逆流）操作报表

序号	时间	打开阀门	冷风				热风			冷风进口温度/℃	冷风出口温度/℃	热风进口温度/℃	热风出口温度/℃
			水冷却器进口压力/MPa	阀门 V07 的开度/%	风机出口流量/$m^3 \cdot h^{-1}$	出口流量/$m^3 \cdot h^{-1}$	电加热的开度/%	风机出口流量/$m^3 \cdot h^{-1}$	出口流量/$m^3 \cdot h^{-1}$				
1													
2													
3													
4													
5													
6													
操作记事													
异常情况记录													
操作人：							指导老师：						

5 铜合金的熔炼与铸造实训

5.1 实训目的及任务

【目的】

（1）了解真空中频感应炉工作原理和结构。

（2）掌握真空中频感应炉熔炼铜合金基本操作方法。

【任务】

（1）能按要求准备好开炉所需材料。

（2）能按开炉要求进行系统试运行。

（3）能按开炉方案进行烘炉操作。

（4）能按开炉方案进行试生产操作。

（5）能做好进料前的准备工作。

（6）能按有关采样规程采集原料、辅料样品。

（7）能按安全技术操作规程进行作业。

（8）能读懂各种仪表显示数据。

（9）能填写各种生产原始记录。

（10）能正确进行设备的开、停机作业。

（11）能填写设备运行记录。

（12）能正确使用生产现场安全消防及环保等设备设施。

（13）能按技术操作规程进行产品放出作业。

（14）能按有关采样规程采集产出样品。

5.2 实训原理

真空中频感应炉是金属材料的主要熔炼设备之一，它是利用电磁感应和电流热效应原理而进行工作的，即由电磁感应在金属材料内部产生感应电流，感应电流在金属材料中流动时产生热量，使金属材料加热和熔化，这种电炉加热快、温度高，熔炼温度可达1400～1500℃，有较强的搅动能力，适于熔炼温度较高且不需造渣熔炼的合金以及中间合金等。

真空中频感应炉熔炼铜合金的主要过程包括装料、抽真空、熔化、精炼及炉内浇铸等。

5.2.1 装料原则及熔化顺序

(1) 炉料最多的金属应首先入炉进行熔化。炉料较多的金属先熔化，形成金属熔池后再逐渐加入其他金属元素，这样可以减小金属元素的熔损。

(2) 易挥发的合金元素应最后入炉熔化。如熔炼黄铜时要先加铜，铜熔化后再加锌，因为铜的熔点是1083℃，而锌的熔点是417℃，锌的沸点是907℃。熔炼时若先加锌就会造成锌大量挥发烧损，而熔炼时先加铜，铜熔化后再加锌，锌在铜液中迅速溶解，当合金液达到浇铸温度时，即可出炉浇铸，这样可以减小锌的熔炼烧损。

(3) 合金熔化时放出大量热量的金属，不应单独加入到熔体中，而应与预先留下的基体冷料同时加入。如熔炼铝青铜时，将铝加入到铜液中时会发生放热反应，使铜液剧烈过热，因此熔炼时应先加2/3的铜，熔化后再加铝，并同时加入剩余的1/3的铜，这样加铝所放出的热量为后加入的铜所利用，可以避免合金熔体过热。

(4) 两种金属熔点相差较大时，应先加入易熔金属，形成熔体时，再加入难熔金属，利用难熔金属的溶解作用，逐渐溶解于熔体中。如熔炼含铜80%，含镍20%的白铜时，先将铜熔化，并加热至1300℃左右，再将镍加入（镍块要小些，容易熔化）熔体中，逐渐熔化。这样缩短熔炼时间，又保证合金成分。

(5) 能够减少熔体大量吸收气体的合金元素，应先入炉熔化。

5.2.2 熔炼时金属的损耗和氧化

熔炼过程中，一些合金元素不可避免地要产生挥发和氧化，造成金属浪费和引起合金化学成分变化，影响金属材料质量。

(1) 金属的挥发主要取决于其蒸气压的高低，在相同的熔炼条件下蒸气压高，金属易挥发，易烧损，如锌。

(2) 金属被氧化的程度主要取决于金属的性质。与氧结合能力强的元素容易被氧化，如铝、铜等。金属氧化还与温度有关，熔炼温度越高则氧化烧损越大。

5.2.3 除气精炼

金属的氧化和吸气会使金属材料在熔炼及轧制过程中产生一系列问题。在熔炼过程中熔体中经常含有少量的有害气体和夹渣等，因此精炼任务就是去除熔体中的气体和夹渣。

5.2.3.1 气体的去除

熔炼铜合金的除气方法常有：气体除气法、熔剂除气法、沸腾除气法。

(1) 气体除气法：采用惰性气体，它与金属液不发生作用，不溶解在金属液内，也不与溶解在金属液内的气体作用，如氮气、氩气。惰性气体除气就是将氮气（N_2）

用钢管通入到金属液的底部，放出很多气泡，气泡上升时，能将溶解在金属液中的气体带出来。这是因为当氮气泡在金属液中上升时，溶解在金属液中的氢气就会向氮气气泡中扩散，随氮气泡的上升而被除去。

（2）熔剂除气法：熔剂除气是利用熔盐的热分解或与金属进行置换反应产生不溶于熔体的挥发性气泡而将气体除去。如铝青铜用冰晶石（Na_3AlF_6）除气，其反应式为：

$$2Na_3AlF_6 + 4Al_2O_3 = 3(Na_2O \cdot Al_2O_3) + 4AlF_3\uparrow$$

或

$$Na_3AlF_6 = 3NaF + AlF_3\uparrow$$

反应产物 AlF_3为气体，起除氢作用，另外两种反应产物为熔渣，通过扒渣除去。由此可见，用熔剂除气时，还具有除渣作用。

（3）沸腾除气法：沸腾除气是在工频有芯感应电炉熔炼高锌黄铜时常用的一种特殊除气方法。熔炼黄铜时，锌的蒸发可以将溶解在合金熔体中的气体去除。当熔化温度较高、超过锌的沸点（907℃）时，熔炼时会出现喷火现象，即锌的沸腾，这样有利于气体的去除。

5.2.3.2 除渣精炼

铜合金熔炼过程中产生的炉渣主要为氧化物。氧化物的来源很多，首先是金属在熔炼过程中的氧化物和炉料带进的夹杂物；其次是炉气和大气的灰尘、炉衬和操作工具带入的夹杂物等。由于这些氧化物的物理化学性质和状态不同，其在熔池中的分布情况各不相同。如不在浇铸前进行除渣精炼，将严重影响合金的加工和性能。除去熔体中的夹渣方法通常有以下三种：

（1）静置澄清法：静置澄清过程一般是让熔体在精炼温度下，保持一段时间使氧化及熔渣上浮或下沉而除去。

（2）浮选除渣法：浮选除渣是利用熔剂或惰性气体与氧化物产生的某种物理化学作用，即吸附或部分溶解作用，造成浮渣而将氧化物除去。

（3）熔剂除渣法：在熔体中加入熔剂，通过对氧化物的吸附、溶解、化合造渣，将渣除去。熔剂的造渣能力越强，除渣精炼的效果越好。

5.2.4 影响铸模铸锭质量的主要因素

（1）浇铸温度：浇铸温度过高或过低都是不利的，因为采用较高的浇铸温度，必然使炉内熔体的温度相应提高，这将引起铜合金在熔化和保温过程中大量吸气，同时也会增加烧损，在浇铸时使氧化加剧。此外，过高的浇铸温度也会对铸模的寿命产生不利影响，尤其是平模浇铸时模底板更容易遭到破坏。当浇铸温度偏低时，熔体流动性变差，不利于气体和夹渣上浮，也易使铸锭产生冷隔缺陷。因此，必须根据合金的性质，结合具体的工艺条件，制定适当的浇铸温度范围。

（2）浇铸时间：不同牌号的铜合金都有最适宜的铸造温度，高于或低于这个温度将直接影响铸锭的质量。对于铸模铸锭方式来说，铸造温度的控制与浇铸时间密切相关，因为浇铸时间越长，先后浇铸的金属熔体的温度差越大。对于铸造温度范围较窄的合金来说，浇铸时间越长，浇铸温度也就越难控制。

（3）浇铸速度：浇铸速度通常以铸模内金属熔体每秒钟上升的毫米数来表示。浇铸速度的选择原则是：1）在保证铸锭产品质量的前提下，适当提高浇铸速度；2）对于某一确定的合金，若合金化程度低，结晶温度范围小，导热性好，可适当提高浇铸速度；3）若铸模的冷却速度大，铸锭直径较小，可适当提高浇铸速度。

5.3　实训设备及材料

铜合金熔炼通常采用工频或中频感应电炉。本实训采用10kg真空中频感应炉（结构如图5－1所示）。具体参数见表5－1。

表5－1　10kg真空中频感应炉基本参数

型　号	电压/V	功率/kW	真空度/Pa	坩埚有效容积/L	最高温度/℃
ZG－10B	380	100	6.67×10^{-2}	1.6	1600

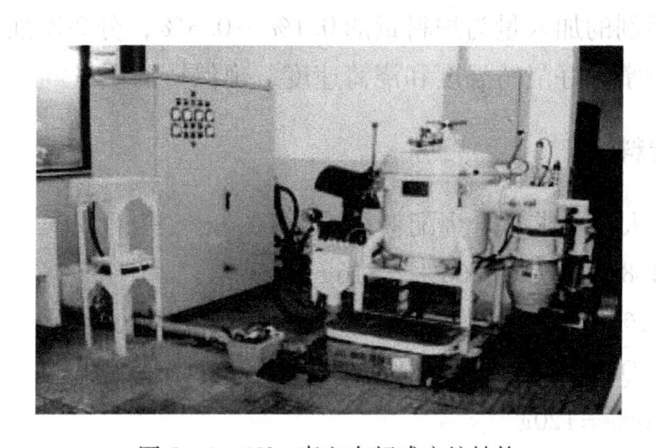

图5－1　10kg真空中频感应炉结构

使用的原材料主要有：电解铜（Cu－1），锌锭（Zn－3以上），铝锭（Al99.7）。

熔炼铜合金常用木炭、米糠等作覆盖剂，既可保温防氧化又可结渣和改善熔体流动性；除气采用铜磷中间合金（Cu－8%P）；除渣采用冰晶石（Na_3AlF_6）或80%冰晶石和20%氟化钠的混合物；浇铸模采用机油或石墨＋机油润滑，烤干后使用。

5.4　实训步骤和方法

5.4.1　黄铜熔炼工艺

熔料准备→预热坩埚至发红→加铜和木炭→升温至1200℃熔化→加锌(分批加入到熔体中)→搅拌→加中间合金(Cu－8%P)→搅拌→静置→出炉→扒渣→浇铸

5.4.2　铝青铜熔炼工艺

熔料准备→预热坩埚至发红→先加 2/3 电解铜→加熔剂（冰晶石）→升温至 1200℃熔化→加纯铝→熔化后再加余下的电解铜→加熔剂→熔化→搅拌→静置→出炉→扒渣→浇铸

5.4.3　浇铸产品

浇铸得到 20mm × 40mm × 100mm 的铜合金扁坯。

5.4.4　操作要点

（1）锌能很好地除气和脱氧，加入少量 Cu - P 中间合金的目的是改善合金熔体的流动性。

（2）为了减少熔炼损耗，要在低温加锌。

（3）铝青铜中铝为强氧化元素，在熔炼过程中极易氧化。生成高熔点 Al_2O_3，形成悬浮渣液，极不易除去。加入冰晶石熔剂除去 Al_2O_3的效果好。

（4）冰晶石熔剂的加入量为炉料量的 0.1% ~0.3%，分 2 次加入。

（5）浇铸时要掌握好浇铸温度和浇铸速度，确保铸锭质量。

5.4.5　铜合金的配料

根据铸模尺寸大小要求，合金配料总量为 1200g。

（1）黄铜（H68）：1200g × 68% = 816g

锌：1200g × 32% = 384g（需考虑烧损量 1.5% ~2%）

（2）铝青铜（QAl10）：1200g × 90% = 1080g

铝：1200g × 10% = 120g

5.4.6　实训组织与程序

（1）每班分成 6 组，每组 4 ~5 人，其中 3 组熔炼黄铜，另 3 组熔炼铝青铜。按上述合金的配料成分，每组领取电解铜、纯锌、纯铝，配制合金。

（2）合金配料完毕后，按上述工艺流程进行熔炼操作，每组浇铸出合格的铜合金锭坯。

5.5　实训报告要求

（1）简述真空中频感应炉熔炼铜合金基本过程。

（2）分析讨论铜合金熔炼过程中除气、除渣的作用及注意事项。

6 铝合金的熔炼与铸造实训

6.1 实训目的及任务

【目的】

（1）掌握铝合金熔炼与铸造的基本操作和方法。

（2）熟悉铝合金的配料比及其计算方法。

【任务】

（1）能按要求准备好开炉所需材料。

（2）能按开炉要求进行系统试运行。

（3）能按开炉方案进行烘炉操作。

（4）能按开炉方案进行试生产操作。

（5）能做好进料前的准备工作。

（6）能按有关采样规程采集原料、辅料样品。

（7）能按安全技术操作规程进行作业。

（8）能读懂各种仪表显示数据。

（9）能填写各种生产原始记录。

（10）能正确进行设备的开、停炉作业。

（11）能填写设备运行记录。

（12）能正确使用现场安全消防及环保等设备设施。

（13）能按技术操作规程进行产品放出作业。

（14）能按有关采样规程采集产出样品。

6.2 实训原理

铝合金的熔炼和铸造是铝合金生产过程中首要的、必不可少的组成部分。对于变形铝合金，熔铸不仅给后续压力加工生产提供所必需的铸锭，而且铸锭质量在很大程度上影响着加工过程的工艺性能和产品质量。铝合金熔铸的主要任务就是提供符合加工要求的优质铸锭。

6.2.1 合金元素在铝中的溶解

合金添加元素在熔融铝中的溶解是合金化的重要过程。元素的溶解与其性质有着密切的关系，受添加元素固态结构结合力的破坏和原子在铝液中的扩散速度控制，元素在铝液中的溶解作用可用合金元素与铝的合金系相图来确定。通常与铝形成易熔共晶的元素易溶解；与铝形成包晶转变的，特别是熔点相差很大的元素难于溶解，如 Al－Mg、Al－Zn、Al－Cu、Al－Li 等为共晶型合金系，其熔点比较接近，合金元素较容易溶解，在熔炼过程可直接添加到铝熔体中；

6.2.2　气体净化方法

除气、除杂。属于吸附净化的方法有吹气法、过滤法、熔剂法等。非吸附净化是指不依靠向熔体中加吸附剂，而是通过某种物理作用（如真空、超声波、密度差等），改变金属－气体系统或金属－夹杂物系统的平衡状态，从而使气体和固体夹杂物从铝熔体中分离出来，有静置处理、真空处理、超声波处理等。

6.2.3　铝合金铸坯成型

铸坯成型是将金属液铸成形状、尺寸、成分和质量符合要求的锭坯。一般而言，铸锭应满足下列要求：

（1）铸锭形状和尺寸必须符合压力加工的要求，以避免增加工艺废品和边角废料。

（2）坯料内外不应该有气孔、缩孔、夹渣、裂纹及明显偏析等缺陷，表面光滑平整。

（3）坯锭的化学成分符合要求，结晶组织基本均匀。

铸锭成型方法目前广泛应用的有块式铁模铸锭法、直接水冷半连续铸锭法和连续铸轧法等。

6.3　实训设备及材料

6.3.1　熔炼炉及准备

（1）铝合金熔炼可在电阻炉、感应炉、油炉、燃气炉中进行。易偏析的中间合金在感应炉熔炼为好，而易氧化的合金在电阻炉中熔化为宜。本实训采用坩埚电阻炉（结构如图 6－1 所示）。具体参数见表 6－1。

（2）铝合金熔炼一般采用铸铁坩埚、石墨黏土坩埚、石墨坩埚，也可采用铸钢坩埚。本实训采用石墨黏土坩埚。

（3）新坩埚使用前应清理干净并仔细检查有无穿透性缺陷。坩埚要烘干，烘透后才能使用。

（4）浇铸铁模及熔炼工具使用前必须除尽残余金属及氧化皮等污物，经过 200～300℃预热并涂以防护涂料。涂料一般采用氧化锌与水或水玻璃调和。

图6－1 SX2－5－10坩埚电阻炉结构

表6－1 坩埚电阻炉基本参数

型 号	电压/V	电流/A	功率/kW	炉膛尺寸/mm	最高温度/℃
SX2－5－10	220	22.7	5	ϕ200×250	1000

（5）涂完涂料后的模具及熔炼工具，在使用前再经200～300℃预热烘干。

6.3.2 实训材料

（1）配制铝合金的原材料见表6－2。

表6－2 配制铝合金的原材料

材料名称	材料牌号	用 途
铝锭	Al99.7	配制铝合金
镁锭	Mg99.80	配制铝合金
锌锭	Zn－3以上	配制铝合金
电解铜	Cu－1	配制Al－Cu中间合金
金属铬	JCr1	配制Al－Cr中间合金
电解金属锰	DJMn99.7	配制Al－Mn中间合金

（2）配制Al－Cu、Al－Mn、Al－Cr中间合金时，先将铝锭熔化并过热，再加入合金元素，实训中主要采用的中间合金见表6－3。

表6－3 实训所采用的中间合金

中间合金名称	组元成分范围/%	熔点/℃	特 性
Al－Cu中间合金锭	48～52	Cu575～600	脆
Al－Mn中间合金锭	9～11	Mn780～800	不脆
Al－Cr中间合金锭	2～4	Cr750～820	不脆

6.3.3 熔剂及配比

铝合金常用熔剂包括覆盖剂、精炼剂和打渣剂，主要由碱金属或碱土金属的氯盐和氟盐组成。本实训采用50% $NaCl$ + 40% KCl + 6% Na_3AlF_6 + 4% CaF_2 混合物覆盖，用六氯乙烷（C_2Cl_6）除气精炼。

6.3.4　合金的配料

配料包括确定计算成分，炉料的计算是决定产品质量和成本的主要环节。配料的首要任务是根据熔炼合金的化学成分，加工和使用性能确定其计算成分；其次是根据原材料情况及化学成分，合理选择配料比；最后根据铸锭规格尺寸和熔炉容量，按照一定程序正确计算出每炉的全部料量。

配料计算：根据材料的加工和使用性能的要求，确定各种炉料品种及配比。

（1）熔炼合金时首先要按照该合金的化学成分进行配料计算，一般采用国标的算术平均值。

（2）对于易氧化、易挥发的元素，如Mg、Zn等一般取国标标准的上限或偏上限计算成分。

（3）在保证材料性能的前提下，参考铸锭及加工工艺条件，应合理充分利用旧料。

（4）确定烧损率。合金易氧化、易挥发的元素在配料计算时要考虑烧损。

（5）为了防止铸锭开裂，硅和铁的含量有一定的比例关系，必须严格控制。

（6）根据坩埚大小和模具尺寸要求配料的质量。

根据实训的具体情况，配置两种高强高韧铝合金和纯铝（L4）：

1）2024(LY12)铝合金：Cu 3.8% ~ 4.9%，Mg 1.2% ~ 1.8%，Mn 0.3% ~ 0.9%，余Al。

2）7075(LC4)铝合金：Zn 5.1% ~6.1%，Mg 2.1% ~2.9%，Cu 1.2% ~2.0%，Cr 0.18% ~0.28%，余Al。

3）1030(L4)纯铝：99.97% Al。

在实训中，根据实训要求的具体情况来配料，如熔铸2024(Al-4.4Cu-1.5Mg-0.6Mn)铝合金，根据模具大小需要配制合金1000g。配料计算如下：

Cu的质量：1000g×4.4% =44g，铜的烧损量可以忽略不计，采用Al-50Cu中间合金加入，那么需Al-50Cu中间合金：44g÷50% =88g；

Mg的质量：1000g×1.5% =15g，镁的烧损按3%计算，那么需Mg的总重：

$$15g \times (1+3\%) = 15.6g;$$

Mn的质量：1000g×0.6% =6g，锰的烧损量可以忽略不计，采用Al-10Mn中间合金加入，那么需Al-10Mn中间合金；6g÷10% =60g；

Al的质量：1000g×93.5% -(44+56)g=835g。

6.3.5　浇铸操作

浇铸操作稳，不要断流，注意补缩。

6.3.6　浇铸产品

浇铸得到20mm×40mm×100mm的铝合金扁坯。

6.4　实训注意事项

实训组织和程序：每班分成6~8组，每组4~5人，任选2024或7075铝合金进行实训。每小组参照上述配料计算方法和熔铸工艺流程，领取相应的原材料进行实训，熔铸出合格的铝合金铸锭。

6.5　实训报告要求

（1）简述铝合金熔铸基本操作过程。

（2）分析讨论铝合金熔炼过程中除气、除渣的作用及注意事项。

7 硫化锌精矿沸腾焙烧实训

7.1 实训目的与任务

【目的】

（1）按照开炉准备、烘炉、试生产相关安全规程、设备规程、技术规程的要求，掌握开炉准备、烘炉、试生产操作技能。

（2）按照火法冶炼的进料、冶炼、产出相关安全规程、设备规程、技术规程的要求，掌握进料、冶炼、产出操作技能。

【任务】

（1）能按要求准备好开炉所需材料。

（2）能按开炉要求进行系统试运行。

（3）能按开炉方案进行烘炉操作。

（4）能按开炉方案进行试生产操作。

（5）能做好进料前的准备工作。

（6）能按有关采样规程采集原料、辅料样品。

（7）能按安全技术操作规程进行作业。

（8）能读懂各种仪表显示数据。

（9）能填写各种生产原始记录。

（10）能正确进行设备的开、停机作业。

（11）能填写设备运行记录。

（12）能正确使用生产现场安全消防及环保等设备设施。

（13）能按技术操作规程进行产品放出作业。

（14）能按有关采样规程采集产出样品。

7.2 实训原理

沸腾炉是一种新型的燃烧设备（见图7－1），它基于气固流态化技术。硫化锌精矿的焙烧过程是在高温下借助于鼓入空气中的氧进行的。当温度升高到650℃着火温度时，ZnS开始发生化学反应生成ZnO和SO_2烟气，并放出大量热，以满足正常的自热焙烧反应温度。通过加入锌精矿的数量来控制焙烧温度。焙烧过程如下：

$$MeS + 2O_2 \xlongequal{} MeSO_4$$

$$MeS + 1.5O_2 \xlongequal{} MeO + SO_2 \uparrow$$

根据后一阶段冶炼方式不同，硫化锌精矿的焙烧又可分为：硫酸化焙烧（860～900℃）和氧化焙烧（1000～1100℃）。湿法炼锌一般采用硫酸化焙烧，要求尽可能完全地使金属硫化物氧化，得到含少量硫酸盐的氧化锌焙砂，以减少浸出过程硫酸的消耗。沸腾炉结构示意图见图7－1。

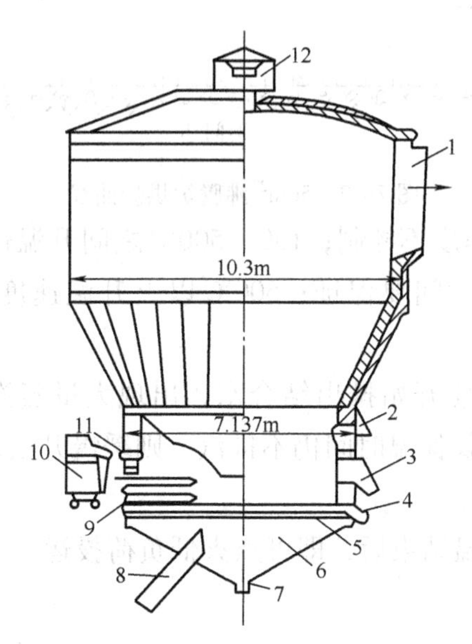

图7－1　沸腾炉结构示意图

1—排气道；2—烧油嘴；3—焙砂溢流口；4—底卸料口；5—空气分布板；6—风箱；7—风排放口；8—进风管；9—冷却管；10—料车；11—加料孔；12—安全罩

7.3　实训内容与步骤

7.3.1　开炉前的准备

（1）检查鼓风机、高温风机、上料系统、排料系统、烟气系统等运行是否正常。

（2）锅炉系统充分打压，确保各阀门、法兰不漏水，上水正常。

（3）检查升温油路、风系统是否正常完好。

7.3.2　烘炉

新炉或大修过的沸腾炉需要进行烘炉后才能正常生产。烘炉升温曲线（图7－2）和要求如下：

（1）保温时间：150℃、200℃保温4h，250℃、300℃、350℃保温16h，400℃保温8h，500℃、600℃保温4h。

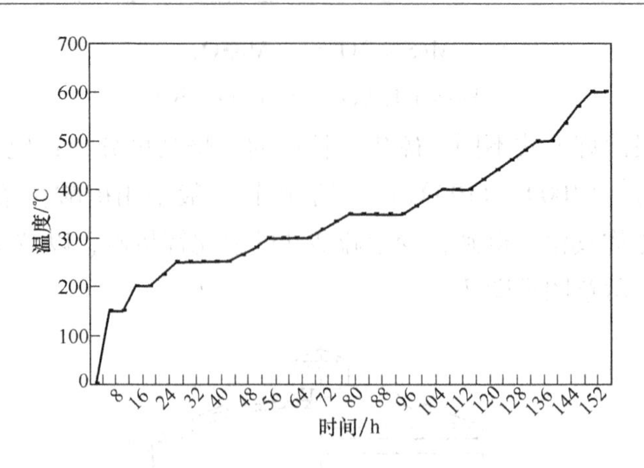

图 7－2　50m² 沸腾炉烘炉曲线

（2）150℃之前升温速度不控制；150～500℃之间升温速度不能过快，要求升温速度不大于 5℃/h，保温时间要保证；500℃以上升温速度可适当加快，为不大于 10℃/h。

（3）250～300℃之间应开始排出结合水，出现大量蒸汽；如蒸汽排出不畅，可适当延长保温时间；如延长保温时间仍不排汽，则缓慢升温，提高其蒸汽压力，直到开始排汽时进行保温。

（4）烘炉至600℃保温结束后，即可点火低负荷投运。

7.3.3　试生产

（1）铺炉及冷试验：

1）铺炉全部用优质干焙砂，用量为50～60t。如果有条件，可以用其他沸腾炉生产的热焙砂铺炉，可以缩短升温时间。节约升温用柴油。

2）铺完炉后一定要进行冷沸腾试验，先开启高温风机，再开启鼓风机，开鼓风 28000～30000m³/h，时间 10～15min，高温风机转速根据炉内负压调整，保持炉内为微负压。冷试验完后停鼓风机对炉床进行认真检查，确认炉床平坦后方可点火升温。

（2）点火升温：

1）点火升温前，先将油枪喷油嘴清理好，并检查油泵、油路和油压（油压达到 0.4～0.6MPa）以及助燃风是否正常。

2）点油枪时先开启高温风机，确保炉内为微负压。

3）升温过程按三个阶段进行。第一阶段，不鼓风升温，主要是调节好油压和助燃风，确保柴油燃烧充分，并关注料层温度的变化，当料层表面温度达到 850℃时可以进行下一阶段的操作。第二阶段，间歇性鼓风翻动底料升温，每 4h 进行一次大鼓风，风量 24000～26000m³/h，时间 3min，并要求随时检查油枪燃烧情况，及时调整负压。第三阶段，连续鼓风升温，保持底料处于微沸腾状态，确保炉内底料均匀受热，温度持续上升，并且随着温度的上升逐步增加鼓风量，使炉内温度和沸腾状况接近正常生产状况。开始微沸腾时风量为7000～9000m^3/h，在底部温度达到700℃时逐步增加鼓风量。当底部温度稳定在800～820℃，鼓风量在13000～17000m^3/h时，准备投料。

4）准备投料前先通知硫酸厂做好接收烟气的准备，得到确认后方可投料。

5）在油枪升温过程中当遇到沸腾炉底部温度较难升至800～820℃时，但又需要加快升温速度的情况下，可以在底部温度上升至700～750℃时，适量加600～800kg煤粉进行加速升温。

6）在升温过程中，如果油枪熄灭，一定要等炉内的油烟抽完后方可重新点火。

（3）投料：

1）当底部温度稳定在800～820℃，鼓风量在13000～17000m^3/h时，准备投料。

2）投料时要求投料、通烟气与撤油枪同时进行，由一人统一指挥，安排好人员，同时操作，保证投料后生成的二氧化硫烟气及时进入硫酸系统。

3）开始投料时料量控制在8～10t/h。

（4）根据炉床压力及炉床风量逐步增风、增料至正常：

1）锌精矿刚加入时，炉温会有小幅度的下降，约5～10min后会回升。随着温度的上升，逐步增加风量和料量到正常。

2）关闭助燃风机和油泵，转入正常操作。

7.3.4 沸腾炉正常生产操作

（1）沸腾炉正常生产可以控制鼓风量22000～30000m^3/h，焙烧温度860～1000℃，具体范围根据分厂的要求进行控制。

（2）正常操作要求做到鼓风量、温度、料量三个参数稳定，正常情况不得随意调整鼓风。通过调整高温风机调整炉内负压，通过调整料量来稳定温度。

（3）高温风机的调整以炉内负压为准，确保炉内保持微负压（－20～＋20Pa）。

（4）注意观察炉床压力的变化，如果炉床压力上升较多要适当减少料量。

7.3.5 停炉检修

（1）临时停炉（焖炉操作）：

1）确认操作风量在25000～30000m^3/h、温度在900℃以上，如果不在该范围内，要逐步进行调整。

2）接到焖炉指令后立即断料、关炉门，继续鼓风。当沸腾层各点温度上升到最高点后均下降60～100℃时，立即将鼓风量关到零，关闭高温风机，通知硫酸系统关闭送烟气蝶阀，密闭系统进行保温。

3）开炉恢复生产时，先通知硫酸系统打开送烟气蝶阀，开启高温风机，再开鼓风机，风量调到20000m^3/h以上，密切关注炉床压力。炉床压力大于10kPa以上，立即逐步加料加风直到风量和温度正常。

4）如果炉床压力低于 10kPa，要加大鼓风来解决，直到压力上升，各点温度有所变化，方可投料。

5）投料后，及时观察炉内温度升降情况，温度不升反降，说明加料量与风量不匹配，应及时缩风、调整料量确保温度稳步上升，直至正常。

（2）计划停炉：

1）接到停炉指令后，先停止加料。

2）继续鼓风使流态化层冷却，待炉料完全冷却后停止鼓风。

3）打开炉门清理。

（注：停止加料后，炉气中 SO_2 浓度低于 5% 以下时，可封闭制酸系统，炉气引入尾气系统。）

7.4　实训注意事项

（1）本次实训为连续实训，各组可交替进行实训。各组交接班时要严格按照交接班要求进行，检查并填写相关记录。

（2）本次实训安排 24 个学时，实训类型为生产性实训。

7.5　实训报告及要求

（1）硫化锌沸腾炉焙烧主要步骤有哪些?

（2）硫化锌沸腾炉焙烧系统由哪些设备组成?

8 镍锍闪速炉造锍熔炼实训

8.1 实训目的与任务

【目的】

（1）按照开炉准备、烘炉、试生产相关安全规程、设备规程、技术规程的要求，掌握开炉准备、烘炉、试生产操作技能。

（2）按照火法冶炼的进料、冶炼、产出相关安全规程、设备规程、技术规程的要求，掌握进料、冶炼、产出操作技能。

【任务】

（1）能按要求准备好开炉所需材料。

（2）能按开炉要求进行系统试运行。

（3）能按开炉方案进行烘炉操作。

（4）能按开炉方案进行试生产操作。

（5）能做好进料前的准备工作。

（6）能按有关采样规程采集原料、辅料样品。

（7）能按安全技术操作规程进行作业。

（8）能读懂各种仪表显示数据。

（9）能填写各种生产原始记录。

（10）能正确进行设备的开、停机作业。

（11）能填写设备运行记录。

（12）能正确使用生产现场安全消防及环保等设备设施。

（13）能按技术操作规程进行产品放出作业。

（14）能按有关采样规程采集产出样品。

8.2 实训原理

闪速炉熔炼硫化镍精矿是将深度脱水（含水量小于0.3%）的粉状硫化镍精矿，在加料喷嘴中与富氧空气混合后，以高速度（60～70m/s）从反应塔顶部喷入高温（1450～1550℃）的反应塔内。此时精矿颗粒被气体包围，处于悬浮状态，在2～3s内基本完成硫化物的分解、氧化和熔化过程。硫化物和氧化物的混合熔体落入反应塔底部的沉淀池中，继续完成造锍与造渣反应，熔锍与熔渣在沉淀池进行沉降分离，熔渣流入贫化炉进一步还原贫化处理后，熔锍送转炉吹炼进一步富集成镍高硫。熔炼产出的SO_2烟气经余热锅炉、电收尘后送制酸系统。

8.3　实训设备及原材料

闪速熔炼系统包括闪速熔炼主系统和物料制备、配料、氧气制取、供水、供风、供电、供油以及炉渣贫化等辅助系统。镍闪速熔炼炉外形结构见图 8－1。

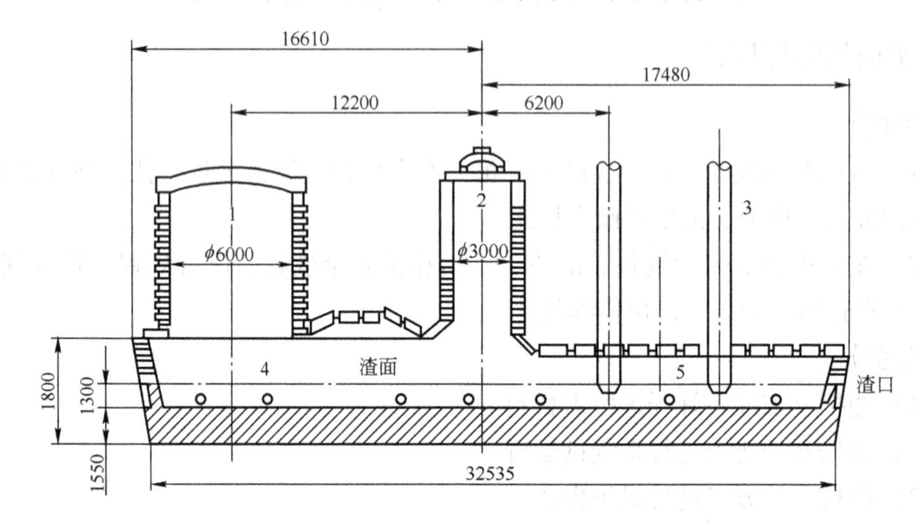

图 8－1　镍闪速熔炼炉外形结构

1—反应塔；2—上升烟道；3—电极；4—沉淀池；5—贫化区

8.4　实训步骤

8.4.1　开炉

闪速炉的开炉过程包括：1）开炉前的准备工作；2）开炉前各系统试运行。

（1）开炉前的准备工作。在闪速炉开始升温时，外围系统必须经过细致的检查，对存在问题的设备、设施进行检修，按开炉计划的要求，在规定的时间内做好正常运行生产的准备，即要求具备正常的供料、排烟与收尘、供氧与供风及供水条件；所有仪表、称量设备及计算机系统处于正常工作的状态；所有余热锅炉处于正常工作的条件。

（2）开炉前各系统试运行。在闪速炉开始升温前，内部系统也要经过检查检修。在开炉计划所规定的时间内具备升温投料条件的要求是：

1）反应塔配料和加料系统。风根秤和配料、加料刮板空负荷运行无异常，各调节阀开关位置准确，开关灵活。

2）精矿喷嘴系统。将精矿喷嘴拨出、拆卸，对料管的磨损情况进行检查处理或重新更换，并重新按技术要求进行组装。对配套的调节阀、止回阀及金属软管进行检查、检修或更换，并重新组装。

3）热风系统。对一次风系统各风点的调节阀、止回阀及压力进行检查、维修或更换，对预热器进行检查、检修。二次风系统，对沉淀池热风系统风机、加热器及调节阀进行检查、检修；对反应塔二次风系统的加热以及调节阀进行检查、检修。

4）燃油系统。对所有的油泵、网站、调节阀及使用油枪进行检修、检查。

5）冷却水系统。对各区域的冷却水套、水冷梁、水冷闸板、管道泵、喷雾室及其各自的调节阀等设施进行检查、检修。

6）电极系统。对上升缸、上下闸环、集电环、铜瓦及其楔紧装置和油、水管等进行检修、检查，确保该系统运行灵活可靠。

7）液压系统。对系统的油泵、所有的调节阀、控制阀进行检查、检修，要求检修后液压油必须经过过滤，氮气密封结构无明显泄漏。

8）变压器系统。对变压器及短网进行抽样分析、打压、紧固、清理等检查、维护工作。

9）炉体系统。对炉体烧损、腐蚀严重的砖体进行修补；对炉体观察孔、油枪孔、渣口、镍锍口进行检查和修补；对放渣、放镍锍流槽或衬套进行检查或更换；对炉体的紧固弹簧进行检查、完善；对升温过程中暂不使用的观察孔、油枪及贫化区加料管进行密封。

10）贫化区配料、加料系统及环保系统。对各配料、加料设备、设施进行检查、检修并进行空负荷连续运行；对环保收尘系统的风机、卸灰器、螺旋输送机及脉冲布袋收尘器进行检查、维护或检修，并进行空负荷连续运行。

11）贫化电炉系统。对其电极系统、变压器系统、配料加料系统、冷却水系统和炉体等进行检修、检查，使之具备正常生产的条件。

12）转炉系统。对炉体系统、加料系统、水冷系统及吊车等进行相应的检查、检修，使其具备正常的生产条件。

8.4.2 烘炉

闪速炉新炉烘炉升温时间一般很长，以便能缓慢烘干较厚砌体内的水分。在闪速炉开始进行投料作业前，必须将炉子预热到接近所要求的操作温度，闪速炉的升温是通过反应塔顶及沉淀池和贫化区的油枪燃烧重油或柴油来实现的，升温过程要求缓慢而均匀，逐渐将炉体耐火砖特别是新砌砖中的物理水分和化学水分脱去，避免耐火砖膨胀不均匀和剥落现象的发生，使其具有足够的抗腐蚀、抗冲刷强度。

闪速炉升温操作通常是按照一定的升温曲线，稳定炉膛负压，调整使用油枪的数量或调整各使用油枪油量有计划地进行。

在升温过程中，通常按照以下原则进行控制：1）以上升烟道临时热电偶温度为主要控制温度并综合考虑炉体其他区域的温度波动误差不超过20℃；2）在保持沉淀池负压不变的情况下以多油枪、小油量的原则来控制均衡升温。

升温按升温曲线（图8－2）进行。闪速炉升温过程约7～8d，控制4～6℃/h的升温速度，控制好750℃、1100℃两个恒温点。值得指出的是，升温速度视炉体的修补情况而定。

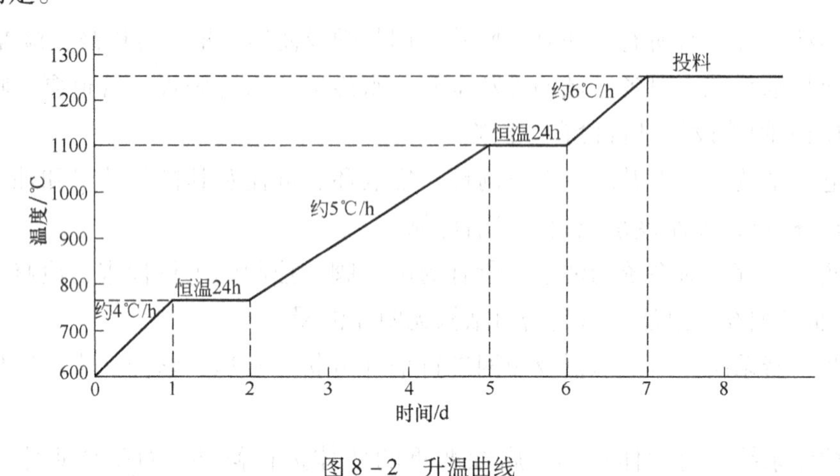

图8－2　升温曲线

8.4.3　试生产

8.4.3.1　投料

在炉子预热到要求的温度后，即可转入投料运行阶段。投料温度通常控制在上升烟道临时热电偶温度达到1250℃以上，反应塔空间温度达到1300℃以上。

通常闪速炉的投料量是分阶段的。根据系统的运行状况逐渐增加投料量，整个过程大致分为两个阶段：1）调整阶段，通常为3～7d，加料量为30～40t/h。该阶段主要调整镍锍品位，使炉墙挂渣以及让各辅助系统特别是炉体有调整适应过程；2）正常生产阶段。在料量增至40t/h时，如无特殊情况，可熄灭沉淀池油枪，进入满负荷50～70t/h加料量的生产阶段。

在保证各系统按所要求的相应的技术控制运行外，闪速炉主要的投料参数见表8－1。

表8－1　闪速炉主要投料参数

加入物料量/t·h^{-1}		30	40	50
反应塔	熔剂/t·h^{-1}	7.2	10.0	
	烟灰/t·h^{-1}	5	6.4	8
	混合二次风（标态）/m^3·h^{-1}	23250	21450	19000
	混氧（标态）/m^3·h^{-1}	5250	8050	11000
	重油/L·h^{-1}	1000	860	780

续表 8-1

加入物料量/t·h^{-1}		30	40	50
贫化区	块煤/t·h^{-1}	1.5	2	2.5
	熔剂/t·h^{-1}	0	0.3（2.5/8）	0.25（2.0/8）
	返料/t·h^{-1}	0	2.5	2.0
	电压级数（A/B）	(7~8)/(7~8)	(9~10)/(10~11)	(9~10)/(10~11)
	电极功率（A/B）/MW	2.0/2.0	3.5/3.2	3.5/3.5
	每班耗电量/kW·h	25000~26000	48000	50000

8.4.3.2 熔体排放

在投料进行到一定时间后，炉内渣面将达到1.2m以上时，炉后人员立即放渣；当镍锍面达到450mm左右时，炉前人员应立即放渣。

如果开炉前炉底冻结层或沉渣隔层较厚，达到镍锍口的高度，则当镍锍面涨起时，在镍锍面下面可能仍存在着冻结层或沉渣层，直接阻碍着镍锍的排放。出现这种情况，一方面适当调整温度，另一方面强制烧口直到镍锍排出为止，否则镍锍面逐渐上涨又得不到及时排放，镍锍就可能从渣口跑出来，造成跑炉事故。在通常情况下，如果炉温、镍锍品位及渣型控制得好，熔体排放过程进展就会顺利。当渣和镍锍都顺利放出来时，闪速炉的开炉工作就全部结束了。在正常生产阶段，闪速炉通常控制渣面高度为500~650mm。

8.4.4 设备故障处理

（1）精矿喷嘴喉口结瘤。

预防措施：定期检查和更换喷嘴的易损件，使喷嘴各组成部件处于完好状态。一旦出现结瘤，要及时调整工艺参数（如配料比、风、油、氧、温度、负压等），采取增大反应塔负荷和人工用钢钎捅，并适当降低喉口部风速，使高温区上移来消除炉瘤。

当喉口结瘤十分严重，以致无法维持正常生产时，可采取较为彻底的处理办法：1）当反应塔内壁和喉口结瘤十分严重时，可以采取增大反应塔热负荷的办法“空烧”一定时间后，一边烧，一边捅，即可清除大部分结瘤。2）当喉口风速过大而造成喉口部结瘤，但又不十分严重时，可适当降低喉口风速来逐渐消除结瘤。3）根据原料成分和现状，对工艺技术参数进行合理调整。

（2）出现生料。所谓生料，指的是反应塔对应的下部熔池中存在没有熔化的干精矿、混合烟尘和粉状熔剂。当出现生料时会造成实际镍锍品位低于目标镍锍品位，精矿潜热利用率低，尤其是出现大量生料时，将会造成沉淀池炉膛空间急剧减小，上升烟道处形成“大坝”，使生产无法正常进行和炉体受损。因此，研究出现生料的原因和防止生料产生的主要措施相当重要。

处理措施：应首先认真查找原因，从物料平衡、热平衡计算看工艺参数（包括风、油、氧、炉料、炉膛负压等）是否合适；检查物料性质是否发生大的变化，以及反应塔空气加热器是否泄漏；定期校验各计量设施的精确度；检查精矿喷嘴的工作状况，然后根据其状态和部位及时进行彻底处理，防止事故扩大。例如：1）在单个喷嘴下部熔池中出现生料时，可将该喷嘴的料量适当减少，或将燃油量适当增大；2）在单边两个喷嘴下部熔池中出现生料时，可调整减少该加料系统埋刮板运输机的下料量，适当增加燃油量将生料熔化；3）当沉淀池和上升烟道下部出现“料坝”，往往是因为反应塔下部熔池生料的移动，或上升烟道壁上黏结物积累过多，形成大块结瘤并脱落掉入沉淀池内未及时熔化形成的。此时必须迅速在沉淀池两侧与料坝相对应的部位以及上升烟道侧部点燃油枪，提高料坝表面温度使其熔化，也可以加入适量纯碱或黄铁矿等物料促使其熔化。在大的料坝形成时，熔池面明显上升，此时还应注意熔体对炉墙的侵蚀和渗漏。

（3）镍锍品位过高或过低。在闪速炉所产出的低镍锍中，除镍、铜、钴的硫化物外，还含有一定量的磁铁、铁镍合金等成分。所谓镍锍品位是指低镍锍中的镍和铜的含量之和，如原设计的低镍锍品位为48%，即镍锍中铜镍之和为48%。

针对低镍锍品位过高问题，其主要手段是重新进行冶金计算，及时修正参数。如果修正参数仍不能解决问题，则要对物料重新取样分析，并由仪表人员校正风、氧流量计。

对于低镍锍品位过低的问题，除了修正参数外，还必须对风根秤、风与氧流量计和精矿喷嘴等进行校对检查，以及杜绝生料的出现。

（4）渣中$w(Fe)/w(SiO_2)$波动。炉渣中的$w(Fe)/w(SiO_2)$是闪速炉熔炼过程中严格控制的三大参数之一。如果渣中实际$w(Fe)/w(SiO_2)$同设定值（即目标$w(Fe)/w(SiO_2)$）有一定的差值，只要不超过3%，就应属于正常波动。但是，如果差值超过3%，则说明系统控制存在问题，其原因往往是由于冶金计算不及时、不准确，以致给定的参数不准确；系统控制存在问题，导致参数控制不稳定或者出现生料。

当实际$w(Fe)/w(SiO_2)$同目标$w(Fe)/w(SiO_2)$之间存在较大误差时，除重新进行计算以修正参数外，还必须系统检查，稳定炉况。

（5）上升烟道结瘤。针对上升烟道结瘤的问题所采取的办法是：1）防止烟尘率过高；2）在上升烟道及附近增加油枪，及时化掉结瘤；3）定期爆破，清除烟尘大块。

（6）沉淀池结瘤。可以在合理考虑生产平衡、炉寿命、综合能耗等诸多因素的前提下，找出合适的反应塔温度和镍锍品位及渣中$w(Fe)/w(SiO_2)$比。在必要时，对形成的沉淀池结瘤可以通过反应塔加块煤、生铁等方法来处理。

（7）镍锍温度和炉渣温度偏高或偏低。当检测熔体温度时若发现温度不合适，在综合分析判断的基础上，应及时修正参数和处理有关问题。

8.4.5 停炉

闪速炉临时性或短时间计划停炉操作步骤是：1）反应塔减料，停料；2）贫化区停止加料。随后，闪速炉转入保温作业。

闪速炉长时间计划性停炉操作步骤是：

（1）闪速炉洗炉。这个过程是通过调整镍锍品位、渣型及炉温和上升镍锍面来进行，消除炉内侧墙和端墙的炉结及炉底炉结，为炉体检修工作创造必要的条件。洗炉过程控制得好，可省去大量清理炉内物料的作业和费用，节省时间，缩短工期，保证大修质量。闪速炉洗炉过程中，通常控制镍锍品位大约为38%（Ni + Cu），炉渣的$w(Fe)/w(SiO_2)$为1.10～1.15，渣温为1350℃，镍锍温度为1200℃，镍锍面高度为900～1000mm，渣面为1200mm。

（2）停料过程。其操作包括反应塔减料、停料；贫化区停止进料；熔体排放，先放渣，放至流不出为止，然后放镍锍至见渣为止；最后由沉淀池东侧安全口排放熔体，直至放不出为止。随后，闪速炉转入保温作业。

8.4.6 检修

闪速炉系统的检修可分为子系统检修和炉体检修。

子系统检修包括对二次风系统、电极系统、水淬系统等部分的检修。对运行过程中出现的影响和制约闪速炉正常生产的故障和问题进行检修处理。这种类型的检修一般安排每月进行一次。对突发性的故障或事故，安排临时性事故检修。

炉体检修主要是对长时间在高温、高氧化强度的条件下运行的炉体耐火砖、耐火材料及炉体骨架进行检修。这种类型的检修一般分大、中、小三种情况：

小修是对吊挂炉顶砖、捣打料、炉体油枪孔、观察孔进行修补，不需要进行洗炉和熔体排放。一般安排在临时性检修或月修中进行。

中修是对炉体侵蚀严重的侧墙、端墙及各放出口进行修补或更换，对变形严重的炉体骨架进行检修或更换。需要进行洗炉和熔体排放，一般1～2年进行一次，同时可安排其他系统的重大技术改造工作。

大修是对炉体全部砌体进行更换，对部分骨架、紧固弹簧进行更换，需要进行洗炉和熔体排放。一般8～9年或更长一些时间进行一次，同时可安排其他系统的重大技术改造工作。

8.5 实训注意事项

（1）本实训为生产性实训，实训过程中应严格遵守岗位的安全规程、设备规程、技术规程，严禁违章操作。

（2）本实训为连续生产，应严格遵守交接班的有关规定，认真填写相关记录。

8.6　实训报告要求

（1）镍锍闪速炉熔炼开炉、烘炉操作要点有哪些？

（2）镍锍闪速炉熔炼正常操作要点有哪些？

（3）镍锍闪速炉熔炼常见故障及处理措施有哪些？

（4）镍锍闪速炉如何进行检修？

粗铜回转式阳极炉精炼实训

9.1 实训目的及任务

【目的】

（1）按照开炉准备、烘炉、试生产相关安全规程、设备规程、技术规程的要求，掌握开炉准备、烘炉、试生产操作技能。

（2）按照火法冶炼的进料、冶炼、产出相关安全规程、设备规程、技术规程的要求，掌握进料、冶炼、产出操作技能。

【任务】

（1）能按要求准备好开炉所需材料。

（2）能按开炉要求进行系统试运行。

（3）能按开炉方案进行烘炉操作。

（4）能按开炉方案进行试生产操作。

（5）能做好进料前的准备工作。

（6）能按有关采样规程采集原料、辅料样品。

（7）能按安全技术操作规程进行作业。

（8）能读懂各种仪表显示数据。

（9）能填写各种生产原始记录。

（10）能正确进行设备的开、停机作业。

（11）能填写设备运行记录。

（12）能正确使用生产现场安全消防及环保等设备设施。

（13）能按技术操作规程进行产品放出作业。

（14）能按有关采样规程采集产出样品。

9.2 实训原理

一般粗铜中，除含有98.5%～99.5%的铜外，还含有0.5%～2%的铁、镍、铅、锌、砷、锑、铋、锡、硫和氧等杂质及一定数量的贵金属。铜精炼的目的是脱除粗铜中的杂质，产出适合工业需要的精铜，并回收粗铜中的镍、铋以及贵金属等有价成分。

9.3　实训设备及材料

9.3.1　设备

实训设备为回转炉。回转炉是一个圆筒形的炉体，在炉体上配置有2～4个风管，一个炉口，一个出铜口，可作360°回转。转动炉体将风口埋入液面下，进行氧化、还原作业。回转炉体可进行加料、放渣、出铜作业。

9.3.2　材料

实训材料为液态粗铜、冷料、氧气等。

9.4　实训步骤

阳极炉工艺过程操作：

（1）操作准备：

1）每班交接班时应进行控制台灯试验，按下试灯按钮，确认所有面板指示灯亮。

2）进行事故倾转试验，将炉子摇出安全位后，按下事故倾转试验按钮，确认炉子能自动倾转到安全位置。

3）摇炉应确认炉子转动不会造成人员伤害和设备损坏。

（2）加料（粗铜或冷料）操作：

1）加料前，先要确认安全坑及炉体周围不存在人员伤害和设备损坏的安全隐患。

2）按气动翻转平台的现场控制箱开按钮，将活动平台打开，平台升到位指示灯亮。

3）按炉口盖开按钮，将炉口盖打开。

4）扳动炉子快速/慢速摇炉操作手柄，将炉子摇到0～100°的范围内，操作人员可以根据炉内料量调整炉体角度。

5）通过上位机将炉内负压调整为－20～－100Pa，下煤量调整为0.4t/h，不影响吊车进行加料操作。

6）进料期间应注意行车进料情况，防止粗铜或冷料倾倒炉口盖后部。

7）进完料后，按炉口盖闭按钮，将炉口盖关闭。

8）按气动翻转平台关按钮，将气动翻转平台放下，平台落到位指示灯亮。

9）根据炉内铜液温度和炉内压力情况，适时调整风、煤量和炉内压力。

10）加完料后，记录加料时间及装入量。

（3）氧化操作：

1）确认氧化管畅通，将氧化还原管与炉体上金属软管用快速接头相连，将氧化还原管向炉内敲入30mm。

2）确认氧化风供给支管上的手动阀打开，两个氧化还原口各对应一路氧化还原支管。在上位机阳极炉主画面，将两支管上氧化空气流量设置为不小于350m^3/h（标态），或设置氧化空气调节阀为全开。同时，确认压缩空气压力为0.25～0.35MPa，压力低于0.25MPa，不能进行氧化还原操作。

3）在确认倾转炉子不会危及人员、设备安全后，扳动快速摇炉操作手柄，用快倾向炉前方向倾转炉子，当炉体倾转至氧化还原位置（炉子角度显示为32°±5°）时，炉体将自动停止（此时氧化还原位信号灯亮），此时要求将操作手柄置于零位；之后根据炉内料面情况用慢速倾转方式调整炉体位置，满足氧化过程要求。

4）氧化期间，根据炉内铜液温度和烟气量，适时调整炉内负压和风煤量。氧化期间，下煤量控制为0.8～1.2t/h。

5）氧化期间，要取样判断铜样变化，人工判断终点样。氧化终点铜样为：表面平整且略凹，无气泡，呈砖红色；铜样断面干净，无硫孔、硫丝。

6）氧化结束后，扳动快速摇炉操作手柄，用快倾将炉子倾转到安全位置，保温位信号灯亮；关闭氧化供风调节阀，用测温枪在出铜口测铜水温度，铜液氧化结束温度为1180～1240℃（最佳控制范围为1200～1220℃）。

7）记录氧化起始时间、倒渣量、铜液温度等数据。

（4）排渣操作：

1）氧化开始后，即与转炉联系放渣时间，并做好放渣前准备工作。

2）在50t行车吊渣包未到安全坑时，将炉子倾转到保温位置，此时保温位灯亮。

3）在50t行车吊渣包即将到达安全坑之前，开启气动翻转平台。

4）根据炉内铜量，确认渣包放入安全坑的位置。

5）确认两支路氧化风量大于350m^3/h（标态），风压大于0.25MPa，扳动炉子快速摇炉操作手柄，用快倾向炉前方向倾转炉子，当炉体倾转至氧化还原位置（炉子角度显示为32°±5°）时，炉体将自动停止（此时氧化还原位信号灯亮），此时将操作手柄置于零位，之后再继续使用快速摇炉操作手柄向炉前方向倾转炉子，当炉体倾转至开始放渣位置（炉子角度显示为45°±5°）时，炉体将自动停止，此时要求将操作手柄置于零位；之后根据炉内料面情况用慢速倾转方式调整炉体位置进行放渣，应注意炉渣带铜情况。

6）倒渣炉位置显示为55°～65°之间，倒渣位置要根据炉内铜量进行调整。

7）渣包放满，用快倾将炉子转到保温位置（保温位信号灯亮），关闭炉口盖，通知行车将渣包吊走。

8）重复排渣过程，直至炉渣排净。

(5) 还原操作 (采用传统还原装置)。

1) 氧化结束，测铜液温度不低于1180℃才能进行还原操作。

2) 提前吊运两个还原剂桶到4.5m操作平台，两氧化还原口各对应一个。

3) 确认氧化还原管通畅。

4) 用耐压胶管把还原供风支管与还原剂桶的进风管相接，两端接头固定；用金属软管（或耐压胶管）把还原剂桶出口与氧化还原耐热不锈钢管相接，两端用快速接头（或夹子）固定；拉还原剂桶重锤铁链，使重锤与进料口法兰胶垫密封，直到开风。

5) 打开两氧化、还原风支管调节阀和手动控制阀，当风量大于350m³/h（标态）、风压大于0.25MPa时，扳动炉子快速摇炉操作手柄，用快倾向炉前方向倾转炉子。当炉体倾转至氧化还原位置（炉子角度显示为32°±5°）时，炉体将自动停止（此时HB8信号灯亮），此时要求将操作手柄置于零位；再用慢倾调整炉子（风管呈水平状）进行还原作业。

6) 确认压缩风流量及压力正常后，打开还原剂供给手动阀，调整还原剂供给量以满足工艺要求。

7) 一桶吹完后，用快倾摇起炉子至安全位置，更换新桶，重复还原过程直至还原结束。

8) 还原期间应适时取铜样观察。取样时可将还原剂供给阀关闭，调整炉子角度和炉内负压，便于取样操作。还原终点样为：表面平整，花纹细密均匀，样面有油光，呈玫瑰红色；样断面1/3以上结晶。

9) 还原期间应注意氧化还原管的阻塞情况，保证压缩风流量大于350m³/h（标态）；燃烧风量控制在4000～6000m³/h（标态），便于燃烧器的冷却；炉内压力调节为30～100Pa，控制好还原气氛。

10) 还原结束后，用快倾将炉子转到安全位置。

11) 关闭还原剂供给阀、压缩空气供给流量调节阀和手动控制阀。拆除氧化还原管与还原剂桶相连的金属软管，拆除氧化风供给支管与还原剂桶进口相连的耐压胶管，吊运走还原剂桶。

12) 用快速测温仪测铜水温度，还原结束铜液温度为1200～1260℃（最佳控制范围为1220～1240℃）。

13) 通知炉后人员还原结束、铜液温度、出铜口情况等。

14) 确认炉后可以进行浇铸时，用慢倾向炉后倾转炉子至炉后安全位，此时炉后安全位信号灯亮，炉子角度显示为-10°。

15) 将炉子倾转的权限选择开关炉控室/浇铸室转到浇铸室，工作地点/浇铸室指示灯亮。

16) 记录还原起始时间、铜液温度和浇铸时间。

（6）清理更换氧化、还原风管的操作：

1）氧化或还原时若风管有堵塞（流量达不到要求），将炉子转到安全位置，关闭两氧化支路空气调节阀。

2）将氧化还原管与炉体的金属软管拆开，然后插入十字钎，用锤打通，再将氧化还原管与炉体的金属软管相接。

3）当风管堵得太死以及风管破损或太短时，需更换新氧化还原管。更换方法如下：

①关闭两氧化支路空气调节阀；

②将氧化还原管与炉体的金属软管拆开；

③在新风管上抹上一层耐火泥，然后对准风眼插入，与旧风管内外丝扣对接，用专用堵头将氧化还原管封堵，用大锤快速敲打堵头达到合适深度；

④拆下专用堵头；

⑤装好金属软管上的快速接头，打开氧化还原空气调节阀，检查是否漏气。

4）清理制作出铜口的操作方法如下：

①浇铸结束后，必须立即用钎子疏通出铜口，并将出铜口搅大；

②清理出铜口及四周冷铜和松散耐火泥，使出铜口保持在 ϕ30 ~ 50mm 之间；

③用镁铬质捣打料拌成既不松散，又不很湿的耐火料；

④在出铜口正中插入一根直径不小于 30mm 圆管，周围浇少量的水，制作时一定要把耐火料打紧，出铜口往外稍凸；

⑤制作好的出铜口必须等耐火料干后方可出铜。

5）清理燃烧器的操作方法如下：

①停止燃烧系统粉煤供给机、计重机、送料锁气阀和燃烧风机；

②将燃烧器尾端的盲板螺栓拆下，取下盲板；

③用大锤、长钎子清理一次风管内冷结铜及煤灰，若燃烧器喷出口二次风管内结铜，可将一次风管拔出，再清理二次风管；

④清理完后将一次风管装入燃烧器内，将燃烧器端部的封板用螺栓紧固好；

⑤按启动顺序将燃烧系统开启，向回转式阳极炉内供热。

6）出铜口和氧化还原风口的烧口操作方法如下：

①准备好氧气瓶、氧气胶管、吹氧管、木炭、钢钎等；

②在烧出铜口或氧化还原风口前打入一根钎子；

③在吹氧管上接好氧气管后，先开少量氧气，让吹氧管在点燃的木炭内燃烧点燃，然后用点着的吹氧管对准出铜口或氧化、还原风口将其烧通，烧通后的出铜口最好呈喇叭形，外大内小，氧化、还原风口烧好后，装上新氧化还原风管；出铜口烧好后，必须制作。

（7）阳极炉故障及处理。在生产中故障出现是常有的，当出现故障时，操作人员首先应冷静分析，并及时通知调度和工区长，然后采取必要措施加以排除，维持正常的生产。

（8）事故停电操作。当炉子正在作业，而出现突然停电时，炉子会自动事故倾转到安全位置。事故倾转分如下两种情形：

1）出铜过程中的事故倾转（炉体处于 -10° ~ 180°）

当以下条件同时具备时，炉体自动进行出铜过程的事故倾转：

①交流失压（突然停电）；

②炉控室操作台炉控室/浇铸室选择开关置于“浇铸室”侧；

③浇铸机控制室摇炉控制操作台自动/断开/手动选择开关置于“自动”侧。

2）加料（熔化）、氧化、扒渣、还原过程中的事故倾转（炉体处于 -180° ~ 180°）

当以下条件同时具备时，炉体自动进行加料（熔化）、氧化、扒渣、还原过程的事故倾转：

①交流失压（突然停电）；

②炉控室操作台炉控室/浇铸室选择开关置于“炉控室”侧；

③炉控室操作台自动/断开/手动选择开关置于“自动”侧。

（9）炉控室应急手动操作。当炉前操作过程中进行应急手动倾转炉体时，须按如下顺序进行操作确认，以满足应急手动操作条件：

确认炉控室操作台炉控室/浇铸室选择开关置于“控制室”侧；

确认炉控室操作台自动/断开/手动选择开关置于“手动”侧；

确认浇铸机控制室摇炉控制操作台 No. 5/No. 6 炉选开关置于对应炉子；

扳动炉控室操作台上慢速电机摇炉手柄，朝所需要的方向（浇铸/加料）倾转炉体；

此模式下炉体不受强制停炉点（0°、32°、45°、90°、-10°、-40°、-50°、-80°）限制，炉体可360°旋转。

询问停电的原因及恢复供电的大致时间，联系电气维修人员进行处理并恢复供电。

恢复供电后，按操作规程恢复生产。

（10）事故停水的操作：

1）当出现事故停水时，迅速将回转式阳极炉供水系统手动总阀打开。

2）迅速将回转式阳极炉应急回水手动总阀打开，将炉子回水排入浇铸机排水沟，确保炉子冷却水的应急供应。

3）降低烧煤量，关小冷却水用量，使炉子处于保温状态。

4）询问停水的原因及恢复供水的大致时间，时间过长，可适当熄火降温。

（11）炉口水套漏水：

1）关闭漏水水套水管的进水阀。如果水套漏水已流入炉内，视作业状态将炉体倾转至熔体静止的位置，原则就是尽可能避免漏水被高温熔体覆盖引发爆炸的情况，在炉体倾转到位后，立即查找并关闭漏水的进水管；如果炉内熔体处于静止状态（如安全位置、出铜过程中），则禁止摇动炉体，在查出并关闭漏水的进水管，等炉内水蒸发干后，方可倾转炉子。

2）打开相应漏水水套的进风阀，用风对水套进行冷却。

（12）氧化、还原风管倒灌铜：

1）若发生氧化、还原时停压缩空气或压缩风压力较低，应立即倾转炉子使风管离开铜液面。

2）若已灌铜要及时更换风管。

（13）炉体局部发红和炉体漏铜：

1）发红部位在铜液面之上，可用压缩空气对发红部位进行降温冷却，并及时报告工区主管进行处理。

2）若发红部位在铜水液面以下，在操作时要停止作业，力争发红部位转离铜水液面，并用压缩空气冷却发红部位，并及时报告工区主管进行处理。

3）若发红部位在铜水液面以下，且发红部位无法转离铜水液面时，须及时报告工区主管，并联系调度，将炉内铜水运到其他阳极炉、反射炉或转炉内。

4）若炉体烧通漏铜，应立即通知工区主管，并倾转炉体，使漏出的铜流到相对安全和利于控制的位置（如炉前），并采用沙袋对流出的铜水进行引流和隔断，避免事故的扩大。若倾转炉体会导致炉内铜水大量从炉口倾倒而出，则不能摇动炉体，采用压缩空气对漏点周围进行冷却，控制事态扩大。

9.5　实训注意事项

（1）本实训为生产性实训，实训过程中应严格遵守岗位的安全规程、设备规程、技术规程，严禁违章操作。

（2）本实训为连续生产，应严格遵守交接班的有关规定，认真填写相关记录。

9.6　实训报告要求

（1）粗铜回转式阳极炉火法精炼开炉、烘炉操作要点有哪些？

（2）粗铜回转式阳极炉火法精炼正常操作要点有哪些？

（3）粗铜回转式阳极炉火法精炼常见故障及处理措施有哪些？

10 200kA 预焙槽炼铝实训

10.1 实训目的及任务

【目的】

（1）能根据安全规程、设备规程、技术规程进行通电、焙烧、启动电解槽、更换阳极、测量作业。

（2）能够判断并处理病槽、非正常效应、异常停电、停风、漏炉。

（3）能够全面掌握槽子运行状况，控制槽电压、电流等技术条件。

【任务】

（1）能完成启动作业。

（2）能进行电解槽非正常期技术参数的调整。

（3）能判断炉底是否破损，并对破损部位进行修补。

（4）能根据换极获得的信息综合分析槽运行状况。

（5）能处理阳极脱落、长包、剥层、氧化、化爪、钢爪发红情况。

（6）能进行阴极电流分布、保温料高度、槽壳变形、炉底隆起、炉膛形状的测定，并能进行测量数据处理。

（7）能对通电焙烧槽（焦粒、焦粉、混合料焙烧）分流量进行测试与计算。

（8）能处理针振槽。

（9）能判断处理电解质含炭槽。

（10）能判断处理滚铝电解槽。

（11）能判断处理电解槽冷槽、热槽。

（12）能判断处理非正常阳极效应。

（13）能熄灭难灭效应。

（14）能在停动力电时对电解槽进行处理。

（15）能在停直流电时对电解槽进行处理。

（16）能在停风时对电解槽进行处理。

（17）能采取措施处理电解槽漏炉。

（18）能判定漏炉电解槽是否需要停槽，并能进行停槽处理。

（19）能根据电解槽运行状况，调整生产技术条件。

（20）能分析原铝质量波动的原因，并采取措施。

10.2 实训原理

电解槽通入直流电，溶解在电解质里的氧化铝在两极发生电化学反应。在阳极得到气态物质，在阴极即得到液体铝，其电化学反应为：

阳极反应：$3O^{2-}$（配合的）$+1.5C-6e \longrightarrow 1.5CO_2$

阴极反应：$2Al^{3+}$（配合的）$+6e \longrightarrow 2Al$

合并上两式，则得总反应式：

$$Al_2O_3+1.5C = 2Al+1.5CO_2$$

10.3 实训设备及原材料

10.3.1 主体设备—电解槽

电解槽见图 10－1。

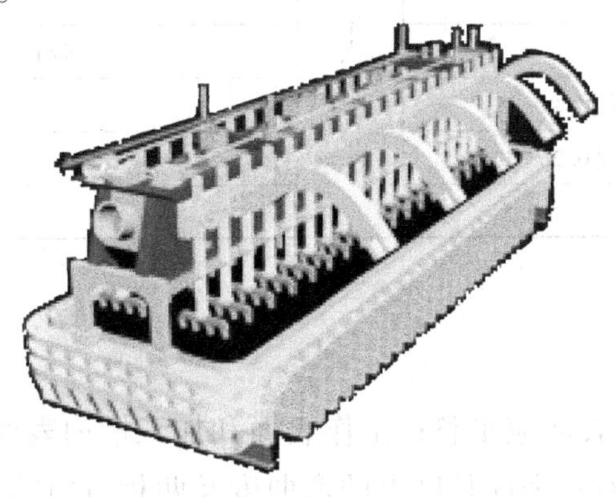

图 10－1 电解槽

10.3.2 原材料

电解所用的原料为氧化铝，电解质为熔融的冰晶石。采用炭素阳极，电解过程中还使用氟盐调节电解质性质及电解所消耗的直流电。

10.4 实训步骤

10.4.1 铝电解槽的安装

10.4.1.1 施工前的准备和要求

施工现场和砌体周围环境温度应保持室温不低于 5℃，砌筑所用材料应高于零度。砌炉用的耐火材料及隔热等其他材料不得受潮湿，也不允许接触酸、碱、油漆等。砌炉施工现场要求良好的照明条件，保证施工质量，为此，在电解厂房内槽上应备有临时照明电源。

10.4.1.2　铝电解槽砌筑材料准备

A　耐火材料

黏土质耐火砖的尺寸允许偏差和外观见表 10－1。

表 10－1　黏土质耐火砖的尺寸允许偏差和外观　　（mm）

<table>
<tr><th colspan="3">项　目</th><th>指　标</th></tr>
<tr><td rowspan="3">尺寸允许偏差</td><td colspan="2">尺寸≤100</td><td>±2</td></tr>
<tr><td colspan="2">尺寸 101～150</td><td>±2.5</td></tr>
<tr><td colspan="2">尺寸 151～300</td><td>±2%</td></tr>
<tr><td>扭曲</td><td>长度≤230</td><td rowspan="7">不大于</td><td>2</td></tr>
<tr><td colspan="2">缺棱、缺角深度</td><td>2</td></tr>
<tr><td colspan="2">溶洞直径</td><td>2</td></tr>
<tr><td colspan="2">渣蚀厚度 <1</td><td>在砖的一个面上允许有</td></tr>
<tr><td rowspan="2">裂纹</td><td>宽度≤0.25</td><td>不限制</td></tr>
<tr><td>宽度 0.26～0.5</td><td>60</td></tr>
<tr><td>长度</td><td>宽度 >0.5</td><td>不准有</td></tr>
</table>

B　碳素材料

a　阴极炭块

阴极炭块有底块（表面应平整；工作表面和加工槽内表面无裂纹、疏松、空穴；无表面跨棱、跨角的裂纹；表面长度上的弯曲度及两相对面的平行度达到规定要求）；侧块（外观要求相对应的两个面的平行误差在 ±2mm 以内；表面要清洁、平坦、光滑，无沟槽、空穴、分层及夹杂物）及角块。炭块加工后的尺寸允许误差见表10－2。

表 10－2　炭块加工后的尺寸允许误差

名　称	宽度/mm	厚度/mm	长度/mm	直角度/（°）
	允许偏差不大于			
底部炭块	±2	±4	±12	±0.4
侧部炭块	±3	±3	±5	±0.4
角部炭块	±5	±5	±5	

b　糊料

糊料的用途及分类：

（1）半石墨周围糊料。适用于填充底部炭块与侧部炭块的接缝及耐火砖之间较宽缝隙。

（2）半石墨炭块间糊料。适用于填充炭块与炭块之间缝隙。

(3) 半石墨钢棒糊料。适用于填充阴极钢棒与阴极炭块之间缝隙。

C 隔热材料及胶结料

(1) 硅酸钙板的尺寸允许偏差和外观见表 10－3。

表 10－3 硅酸钙板的尺寸允许偏差和外观

<table>
<tr><th rowspan="2">名 称</th><th colspan="3">尺寸允许偏差</th><th colspan="2">外 观 缺 陷</th></tr>
<tr><th>长/mm</th><th>宽/mm</th><th>厚/mm</th><th>缺棱/个</th><th>缺角/个</th></tr>
<tr><td>平板</td><td>±4</td><td>±4</td><td>+3
−1.5</td><td>1</td><td>1</td></tr>
</table>

(2) 黏土质隔热耐火砖的允许偏差和外观见表 10－4。

表 10－4 黏土质隔热耐火砖的允许偏差和外观 (mm)

<table>
<tr><th colspan="3">项 目</th><th>指 标</th></tr>
<tr><td rowspan="2">尺寸允许偏差</td><td colspan="2">尺寸≤100</td><td>±2</td></tr>
<tr><td colspan="2">尺寸 101～250</td><td>±3</td></tr>
<tr><td>扭曲</td><td>长度≤250</td><td rowspan="3">不大于</td><td>2</td></tr>
<tr><td colspan="2">缺棱、缺角深度</td><td>7</td></tr>
<tr><td colspan="2">熔洞直径</td><td>5</td></tr>
<tr><td rowspan="3">裂纹长度</td><td colspan="2">宽度≤0.5</td><td>不限制</td></tr>
<tr><td colspan="2">宽度 0.51～1.0</td><td>30</td></tr>
<tr><td colspan="2">宽度＞1</td><td>不准时</td></tr>
</table>

(3) 胶结料。

1) 碳胶泥的性能：

灰分 5%以下；

固定炭 50%以上；

挥发分 45%以下；

针入度（20℃） 450～650mm。

2) 石棉水玻璃腻子：

石棉绒 100kg，加水玻璃 20kg 混合均匀使用；

水玻璃相对密度为 1.36～1.38（20℃），模数为 2.8～3.0。

D 浇注料

浇注料有轻质耐火浇注料、低水泥耐火浇注料。

10.4.2 新系列铝电解槽的安装

新系列铝电解槽的安装包括以下内容：砌筑槽底；安装槽壳；砌筑槽壳内耐火材料及扎固炭素衬里；安装阴极炭块组；砌侧部炭块；扎固炭块底缝；安装阳极；安装

阳极母线、上部金属结构；焊接母线间的接点及母线与导体间接点。

10.4.2.1　槽底砌筑及安装槽壳

首先，在电解槽槽底钢板铺一层干砂或用耐火填料找平，然后铺石棉板 1 ~ 2 层，槽壳四周也贴上一层石棉板。在石棉板上砌两层硅藻土保温砖，用耐火粉或硅藻土粉氧化铝粉填充。保温砖与槽壳四周可以不留伸缩缝。有底电解槽为了加强槽底的保温性能和防止电解质对耐火砖的浸蚀，在保温砖上铺厚 30 ~ 100mm 的氧化铝粉或耐火粉与颗粒的混合料。铺平后再砌耐火砖，并在周围留 30 ~ 60mm 伸缩缝。

10.4.2.2　铝电解槽内衬的砌筑

A　进槽前的准备

（1）先将槽内的杂物清扫干净，根据槽壳的氧化、锈蚀、裂纹、变形、烧穿、槽底水平误差和槽上口水平误差等情况，确定局部修理和校正。

（2）保证大多数钢棒安装在钢棒孔中心位置的基础上，画出每道工序的施工基准线，两小头可画出浇灌基准线，A、B 两面可根据两小头浇灌线以第一个钢棒孔上端为标准进行画线，采用两点画线法。

（3）所用材料必须符合筑炉要求，严禁受潮、沾油。

B　硅酸钙板的砌筑

（1）铺砌时应从槽横轴线中心往两端进行，要求错缝铺砌，并用木槌轻轻打紧，接缝应小于 1mm，所有缝间用氧化铝粉填满，硅酸钙板与槽壳间隙填充耐火颗粒，粒度小于 2mm。

（2）硅酸钙板的加工用木工锯切锯，大于总长 2/3 的都可使用。

（3）根据槽底变形情况允许局部加工硅酸钙板，但加工厚度不大于 10mm。

C　绝热砖的砌筑

（1）第一层绝热砖在硅酸钙板上进行砌筑，所有砌筑缝小于 0.5mm，并用氧化铝填满，不准有空隙。

（2）在第一层的基础上用氧化铝粉找平，然后进行第二层砌筑，第一层与第二层绝热砖应错缝砌筑，用氧化铝粉填缝，不准有直缝，每砌完一层都要把四周膨胀缝填满填实。

D　耐火砖的砌筑

（1）在已砌好的隔热砖上铺一层厚约 30mm 的氧化铝粉。

（2）耐火砖砌筑采用湿砌，应按预先画好的基准线进行作业。

（3）所有砖缝灰浆饱满度必须大于 90%。

（4）第一层耐火砖应平放在氧化铝粉层上，耐火砖的顶头和侧面应湿砌，立缝不大于 2mm，侧部缝不大于 3mm，铺砌尺寸：90 × 113 + 89 × 3 和 16.5 × 230 + 16 × 2。

（5）第一层耐火砖的两头分别砌 230 ×2、230 ×1 $\frac{1}{2}$块隔热砖，砌好后应及时填充耐火颗粒，并填实，粒度应小于 2mm。

（6）第二层耐火砖与第一层耐火砖不准有直缝，层间卧缝为 2.5mm，顶头立缝为 2mm，侧部立缝不大于 3mm。

（7）第二层耐火砖的两头分别砌 230、230 ×1/2 块隔热砖。为了方便安装炭块组，膨胀缝等安装好炭块组后再填充耐火颗粒。

（8）槽底砌筑完之后，将表面泥浆清理干净，按预先画好的基准线进行测量，一般可测量 9 点，如发现异常现象可任意测量，其表面平整度误差不大于 0.3%，整个槽底高度的公差在 ±20mm。

E 浇注料的施工

浇注料包括轻质耐火浇注料、低水泥耐火浇注料，分别用于电解槽两小头浇注以及 A、B 大面的浇注。

（1）浇注高度。根据图纸要求，轻质浇注料与水的配比为 1:（0.30 ~0.35）；低水泥耐火浇注料与水的配比为 1:（0.07 ~0.08）。

（2）施工注意事项。根据水、料比，严格控制加水量，搅拌后铲入槽内，用插入式震动器震动至表面露出浮水为止。用塑料薄膜把底块盖好，并采用 1mm 厚的纸包裹钢棒浇注部分。用专用挡板挡好中间炭缝，防止浇注料进入中缝内。A、B 两面槽壳端采用隔热砖砌筑。

F 炭块组的安装

（1）将砌筑好的耐火砖表面清扫干净，按照炭块长度画出安装线。

（2）按阳极的编号从出铝端开始安装。

（3）以 A 面为基准面进行调整，调整炭块缝间尺寸。

（4）炭块间缝调整完毕，用水玻璃、石棉绒塞好，防止颗粒、氧化铝粉漏出。

（5）塞好棒孔后，炭块组不准移动，并用专用塑料布和其他物品将炭块盖好，防止其他杂物进入炭块缝内。

（6）安装过程中，指挥人员应与行车工协调配合，确保安装安全进行。

G 侧部炭块的砌筑

（1）侧部耐火砖的砌筑。在浇注好的四周湿砌异型耐火砖，卧缝不大于 3mm，立缝不大于 2mm，表面水平误差不大于 ±2mm。

（2）侧部炭块的砌筑：

1）将槽内各种材料、杂物及砌体表面清理干净。

2）将炭胶泥加热搅拌均匀，温度保持在 50 ~70℃之间。

3）以角部炭块旁第一块侧块为标准，第一块侧块靠紧槽壳为标准，从槽子的内膛放出砌筑标准线。

4）从四周开始砌筑，两小头用 8 块侧块砌完，不开压条；两大面从一头开始砌，另一头只砌一块侧块，然后留作压条位置。

5）A、B 面的开条必须在第二或第三块进行，开条尺寸应大于 180mm。

6）调整炭块应使用木槌，严禁使用铁锤调整，如用铁锤必须在炭块上垫上木板，以防损伤炭块。

7）所有炭缝必须填满炭胶泥，防止氧化铝粉流出。

8）侧块与槽壳缝隙用氧化铝粉填充。

9）砌筑质量要求：立缝、卧缝、错台、外膛尺寸误差（宽度）小于规定要求。

H　干式防渗料的施工

（1）使用工具、器具：塑料布、层板、木模板、平板振动器。

（2）施工方法：根据图纸要求，高度 H 分两次完成。第一层铺料厚度可略低于 H，振动压缩到 $0.8H$；第二层铺料厚度为 $1.2H$，振动压缩到 H。

（3）质量要求：表面误差不大于 2mm，压缩比为 1.15 ~ 1.27，达不到的地方须进行局部处理。

10.4.2.3　扎固炭素底垫

炭素底垫的作用：第一是铺平耐火砖的表面，以便安放阴极炭块后，能使阴极棒处于棒孔窗口中央，起到找平、固定作用；第二是保护耐火砖层免受电解质的浸蚀。扎固底垫之前槽膛需加热，排除砖中的水分，并预热到一定温度，以保证底垫的槽结性能好，有利于底糊料扎固密实。耐火砖表面加热温度达到 90 ~ 120℃，时间 3 ~ 4h，清理并吹净耐火砖表面。扎固底垫首先是放样板，尺寸应符合施工图的要求，保证阴极炭块组都能安装在炭素底垫上。然后在耐火砖上涂一层熔融沥青、再铺以温度为 130 ~ 150℃ 的底糊，其厚度在 50mm 以上，压缩比不小于 8∶5，底垫厚度为 25 ~ 40mm。扎固的主要设备是 01 ~ 30 型凿岩机，或风动捣固机。扎固一台中型电解槽炭素底垫，消耗底糊 6t，还有少量石棉粉、水玻璃等。要求扎平、扎实，表面没有裂纹和蜂窝等缺陷。

10.4.2.4　阴极炭块组的制作

阴极炭块组制作的质量必须达到技术标准要求。

炭块组制作包括炭块加工、阴极棒头渗铝、钎焊以及炭块和阴极钢棒的连接等工序。首先在合格炭块加工面上画中心线，按设计尺寸铣出燕尾槽。有的为使炭块间捣固底糊时能使它们粘接牢固，在炭块的表面和燕尾槽的各个面上用风钻钻孔，相互错开。大型电解槽阴极炭块通常采用在其侧面上铣出三条沟槽的做法。阴极棒与炭块连接一般采用磷生铁浇铸。为了保证质量，阴极棒应砂洗到光滑无锈，并将燕尾槽中的灰尘吹干净，然后将阴极棒放入炭块燕尾槽内，一起在预热炉内加热至 120 ~ 150℃。

炭块组的浇铸分为立式和卧式两种方法。一般用冲天炉或工频电炉熔化生铁，温度要求不低于1250℃。浇铸要求分成3~5段（卧式）或8~10层（立式），可以控制浇铸速度，避免底块和阴极棒受热时应力过度集中，使炭块膨胀形成裂纹。磷生铁浇铸后自然冷却。磷生铁化学成分为：磷0.8%~1.6%，碳3%~4%，硅2.5%~3.6%，锰不高于0.9%，硫低于0.03%。炭块及阴极棒在电解槽内的装配情况如图10-2所示。

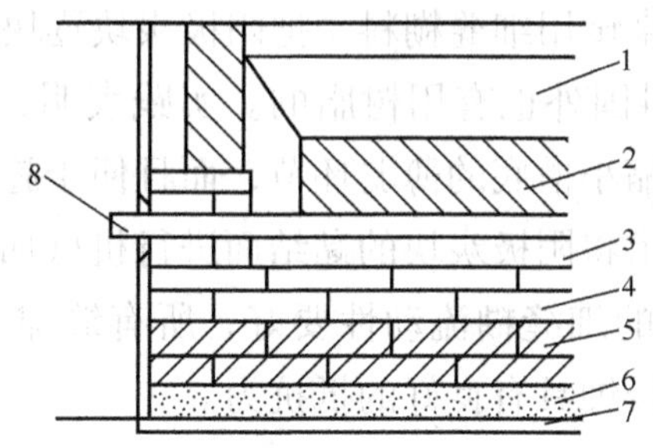

图10-2　炭块及阴极棒在电解槽内的装配情况

1—槽膛；2—阴极炭块组；3—炭垫；4—耐火砖；5—保温砖；6，7—石棉板；8—阴极棒

阴极炭块组制成后，要求对全部产品逐一认真检查。内容包括，阴极钢棒长度、弯曲度；炭块表面或尾槽角部裂纹（不允许大于50mm）；磷生铁或炭糊表面应平整光滑，不得高出炭块表面，低于1~2mm可以使用；炭块与阴极棒接触电阻的检查，其测量电阻要求不大于130μΩ。工厂测量是用直流电焊机作电源，将正、负极分别接在钢棒和炭块底面，然后用毫伏表测其电压降。炭块组电阻的测量如图10-3所示。

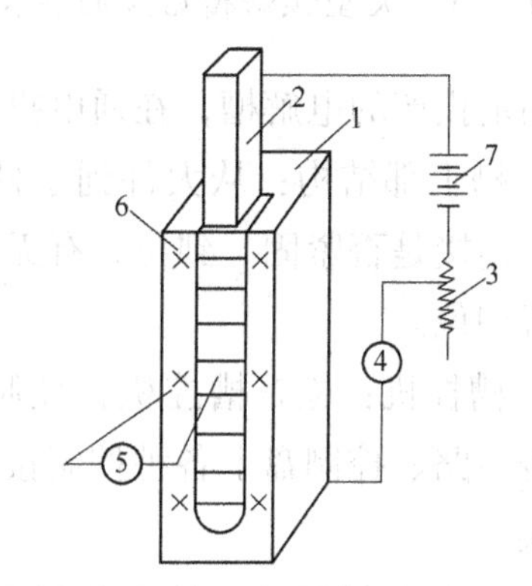

图10-3　阴极炭块组电阻的测量简图

1—炭块；2—阴极棒；3—可变电阻器；4—直流电流表；5—毫伏表（0~10mV）；6—测量点；7—电源

10.4.2.5　扎固底缝

用底糊扎固炭块间缝隙质量的好坏，直接影响槽体寿命。这是因为炭块槽底具有条缝多、尺寸大、耐强度不均的特点。要求扎缝前先将槽底净化，再预热达到100~150℃，加热4~5h。扎缝共分八层进行，每层铺糊80mm，每层扎完高度50mm，扎完最后一层后，再扎一层帽。扎固用的捣锤应加热至200℃，扎缝时要防止氧化铝或灰尘落入底缝内。底缝扎完后，侧部炭块上部与槽沿板间的缝隙也以底糊扎固好。应当指出，通常使用底糊的温度不得低于135℃。

我国对冷糊扎固及底块黏结新工艺进行过工业试验，取得了一定成果和经验。铝槽冷扎用的底糊一般要求温度在25~50℃。这种底糊料的黏结衬是软化点低的沥青，便于施工。为了保证扎固底缝的强度，又能提高黏结剂可塑性，在实践中采用了低软化点沥青添加少量硫黄的办法。由于冷扎取消了加热工序，故节省了燃料和人工，又便于施工，经济效果非常显著。其缺点是焙烧时二氧化硫会污染操作环境，焙烧后槽底比电阻会增大。但冷扎对铝槽寿命的影响与热扎比较究竟如何，尚有待实践验证。铝槽冷扎糊料最佳配料及冷糊冷扎工艺的研究还应坚持。

扎固底缝具有许多缺点，主要是底缝多，面积大，破坏了槽底内衬的整体性，降低了抗压强度，所以近年来试用细缝糊料，把阴极炭块逐块地黏结起来，块与块间的缝隙为 2 ~ 5mm。这种糊料国外也有用树脂的。实践表明，炭块黏结的优点是缝细，铝槽可以多铺一对炭块，缩小槽底的薄弱环节，而且便于施工；降低了劳动强度，改善了操作环境。施工前要求将阴极炭块的黏结面进行机械加工，黏结面的缝隙控制为不大于 3mm。施工时所用的细缝糊流动性要好，所有缝隙必须灌满灌足，启动生产后，细缝糊应该对于钠的浸蚀具有良好的抵抗力。

10.4.3 铝电解槽的焙烧

10.4.3.1 大型预焙槽焙烧的验收

对确定投产的电解槽，在通电投产前必须按照下列项目进行全面检查：

（1）槽上部结构：从大件到小件，从连接到固定，从局部到整体，检查是否安装齐备、连接是否紧固、到位，有无缺损零部件等，同时检查各运转机构是否灵活、运转是否到位。

（2）槽控机：检查槽控机各控制板、件及附属电气设备是否安装齐全，上、下联机是否通路、控制盘上各种控制按钮是否灵便、制动项目是否有效、显示装置是否清楚无误。

（3）打壳下料系统：检查供风系统是否通畅，有无漏风之处，氧化铝输送系统有无堵塞、跑、冒现象，下料阀安装是否正确，氧化铝下料量是否准确。

（4）阴极表面：检查阴极表面是否平整，炉底有无隆起，炭块表面有无裂纹、破损，扎固缝有无明显的收缩裂纹或缝隙。

（5）焊接部分：检查侧部炭块上面的筋板是否焊牢、阴极方钢与阴极软母线有无漏焊或焊接不牢等情况。

（6）母线部分：检查阳极大母线与阳极导杆的压接面是否光滑、立柱母线与阳极软母线压接是否到位、母线回路是否畅通。

（7）绝缘：检查电解槽各绝缘设施是否完好，材料要求、安装位置有无错误，关键部位应测试绝缘电阻值是否达到要求（绝缘电阻不小于 5MΩ），并检查槽上槽下有无钢筋、焊条等导电体在各类母线、槽壳与大地之间搭接。

（8）检查多功能天车运行情况。检查发现的问题，必须立即进行处理。处理完毕后，将槽上部结构和炉膛清理干净。

10.4.3.2 铝液焙烧过程

铝液焙烧法示意图见图 10－4。

（1）工器具及物料准备（以 28 组阳极为例）：

1）小盒卡具：28 组/槽；

2）阳极组：28 组/槽；

3）短接片：8 块；

4）扳手：4 套；

5）热电偶（带保护管）：2 套；

6）槽罩；

7）电解质块：5t/槽；

8）冰晶石：15～18t/槽；

9）大碱：2～3t/槽；

10）氟化钙：1t；

11）纸板：若干；

12）木棒（2～4m）：若干；

13）溜槽：1 台。

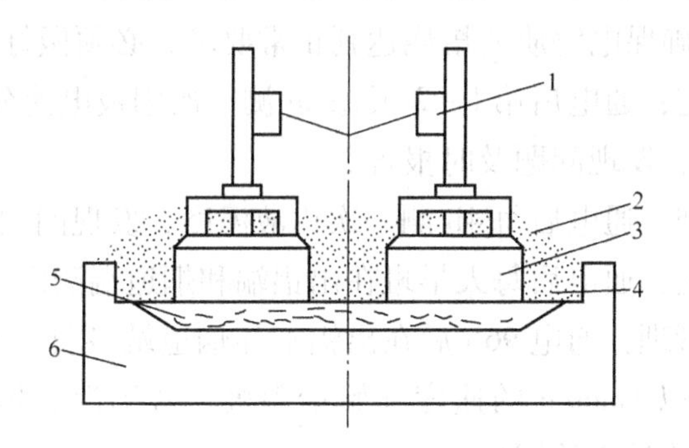

图 10－4 铝液焙烧法示意图

1—阳极母线；2—冰晶石保温料；3—阳极；4—电解质和冰晶石粉；5—铝液；6—槽体

（2）安装阳极。首先降阳极大母线，将回转计调到下限位置处，再沿 A、B 两侧交替安装 28 组阳极，安装顺序如下：

A 面

1 5 9 13 17 21 25 28 24 20 16 12 8 4

B 面

3 7 11 15 19 23 27 26 22 18 14 10 6 2

装完极后用呆扳手紧一次小盒卡具，然后抬阳极距炉底 25mm，并用粉笔在导杆靠阳极大母线下沿处画线，用风将炉底吹干净。

（3）装槽。首先沿阳极四周装好纸板（纸板高度比阳极炭块略高），再沿电解槽侧部扎糊带（人造伸腿）均匀撒上约 0.6t 氟化钙，然后在侧部四周靠纸板由大到小堆砌 2.5t 电解质块，并用 500kg 冰晶石填充缝隙，接着继续往上边堆砌电解质块边加冰晶石，直到与槽沿板相齐，最后在电解质块上面码 7.5t（袋装）冰晶石和 1.5t（袋装）大碱，并在阳极炭块间隙用木棒挡隔。

（4）通电焙烧。通电前 30min 准备好 3t 左右的铝液，接着与整流所联系停电，确认停电后，一边将铝液沿溜槽灌入电解槽内，一边进行绝缘片插入作业（松开立柱母线短路口处的螺栓，将绝缘片插入立柱母线与短路母线之间，再紧固螺栓），待铝液流满槽底并包裹住阳极至少 1cm 后，即与整流所联系送电。

送电过程中，将码在电解质块上面的冰晶石和大碱投入阳极中缝和阳极炭块上面，并将热电偶（装入保护管内）插入中缝两端。

通电焙烧时，要控制好送电速度。首先联系直接送 60kA 电流，若无异常，继续送电，送电过程中观察电压情况。如果电压不超过 6V，可直接送至全电流；如果升电流过程中冲击电压大于 6V，则要停止升电流，使冲击电压始终保持在 6.5V 以下。

（5）铝液焙烧期间的常规管理与操作。对于中间下料预焙槽，（铝液）焙烧是从通电时起，约 192h 焙烧结束。焙烧期间管理的关键是温度，要求炉底温度均匀，阳极电流分布合理。为确保电解质的焙烧达到正常要求，必须做好以下方面的管理：

1）电流分布测定：通电后第 1 ~ 2 天每 2h 测一次阳极电流分布，第 3 ~ 8 天每 4h 测一次阳极电流分布，发现问题及时报告。

2）铝液温度管理：通电后每 4h 测一次铝液温度，发现问题及时处理。

3）槽壳温度测定：通电后每天早班在出铝端和烟道端测定一次槽壳表面温度。

4）回转计读数管理：通电 96h 后在出铝端和烟道端各打一个洞观察铝液熔化情况。若铝已熔化，则以 1mm/h 的速度开始抬阳极。若铝没有熔化，则不能抬阳极，应加强保温，待铝熔化后再抬阳极。

5）电压管理：通电后 6h 内每 30min 记录一次槽电压，6h 后每 2h 记录一次。

6）巡视检查：通电后操作工每 2h 巡视槽况一次。若发现钢爪发红，要扒开保温料散热，严重时用风管吹；若阳极脱落，要取出铝导杆，脱落极则在启动前取出，换上新极。

7）焙烧期间应适当补加冰晶石，以减少散热，防止阳极氧化。

（6）焦粒焙烧期间的常规管理与操作。对于中间下料预焙槽，（焦粒）焙烧是从通电时起，约 72h 焙烧结束。焙烧期间管理的关键是温度，要求炉底温度均匀，阳极电流分布合理。为确保电解质的焙烧达到正常要求，必须做好以下方面的管理：

1）电流分布测定：通电后每 2h 测一次阳极电流分布，发现问题及时报告。

2）巡视检查：通电后操作工每30min巡视槽况一次，检查阳极工作情况和槽电压变化情况。若发现钢爪发红，要扒开保温料或在值班长指导下适当放松阳极导杆与临时导电软带连接处的螺母。若阳极脱落，要取出铝导杆，脱落极则在启动前取出，换上新极。

3）通电后，槽电压会缓慢下降，当电压降到3.3V以下时，拆除电流分流器。

4）当电解槽内已经产生电解质液时，应立即拧紧小盒卡具，拆除临时导电软带，并开始抬阳极。当槽电压低于3V时，每30min抬一次；当槽电压在3~3.5V以内时，每60min抬一次，每次抬1mm。当槽电压高于3.5V时，暂不抬阳极。进入焙烧后期，在钢爪不发红的情况下，当槽电压低于4V时，每30min抬一次；当槽电压在4~4.5V以内时，每60min抬一次，每次抬1mm。当槽电压高于4.5V时，暂不抬阳极。

电解槽的焙烧和启动是一件非常重要而又复杂的工作，这项工作完成的质量关系到电解槽能否正常生产以及电解槽的工作年限。一般分为新建槽焙烧和大修后槽焙烧两种情况。

10.4.3.3 湿法效应启动

原则上电解槽在通电焙烧192h（铝液焙烧）或72h（焦粒焙烧）后即可启动，此时槽内已有电解质液，温度达到900~950℃，若温度未达到，可适当推迟启动时间。

A 启动的简单过程

（1）灌6t液体电解质：分两包从设置在出铝端的溜槽灌入。

（2）人工效应：电解质灌入的同时开始提升阳极，提升速度应注意配合电解质灌入速度。灌第一包时，电压保持10V左右；灌第二包时，电压保持25~30V，时间25~30min。

（3）启动过程中将未熔化的冰晶石推入液体电解质中。若电解质水平偏低，可补加冰晶石，并适当延长效应时间。

（4）效应熄灭及特殊情况的处理：效应时间达规定要求，估计槽温达960~980℃时，即可加入适量氧化铝熄灭效应，效应熄灭后，槽电压保持7~8V，并在出铝端测定电解质高度。在启动过程中，若发生脱极，则在效应熄灭后1h内换上新极。

（5）焦粒焙烧的电解槽，效应熄灭后，将槽内炭渣打捞干净。

B 启动初、后期的管理

电解槽启动初期的管理是指从启动时人工效应熄灭后至第一次出铝日（第三天）的管理；启动后期的管理是指对电解槽启动后三个月内的管理。电解槽启动初期和启动后期的管理内容主要有：电解质水平和铝水平的管理、槽电压的管理、电解质分子比的管理、加工制度的管理、炉膛的建立和管理等。电解槽启动后期管理的核心目标是快速建立规整稳固的槽膛内型，使电解槽尽快进入正常稳定的生产阶段。

（1）电解质水平和铝水平的管理。电解槽启动 24h 后灌入 10t 铝液，灌铝液前电解质水平的目标值为 30～35cm，灌完铝后测一次两水平高度，至第一次出铝前，每班下班前测一次。到第一次出铝时，电解质水平应在 28～30cm，不得低于 25cm。二周内电解质水平目标值 25～27cm，若下降太快，必须加强保温，同时加冰晶石补充。到启动后第三个月，电解质水平逐渐降至 21～23cm。启动初期铝水平的目标值为 18～19cm，到启动后第三个月，铝水平逐渐提至 20～22cm。从第一次出铝开始，出铝量按表 10－5 确定。

表 10－5　铝水平与出铝量对照表

铝水平/cm	出铝量/kg
18 以下	1200
19	1300
20	1400
21	1500
连续 21 以上	由工段长决定出铝量

（2）槽电压和效应系数的管理。电解槽启动后 30h 内槽电压的控制由人工进行，24h 内每 30min 调整一次电压，每次下降 0.05V。电解槽启动 24h 灌铝后，槽电压达 4.6V。灌铝后槽电压每小时降低 0.05V，6h 后槽电压达 4.3V，此时接通 RC 控制。

电解槽启动 30h 后至三个月内槽电压由计算机控制，其设定电压的确定原则按图 10－5 执行。

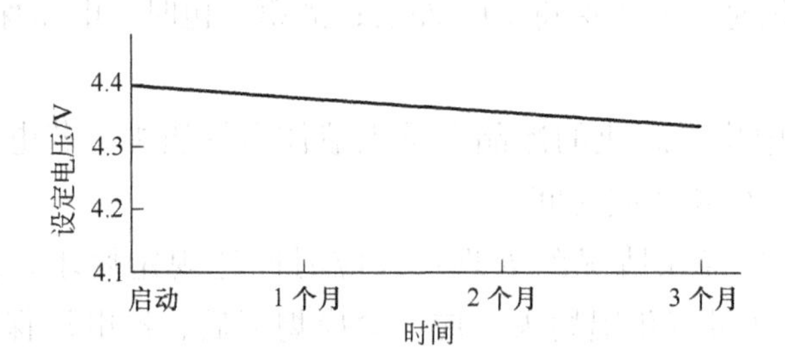

图 10－5　电解槽启动 30h 后至三个月内槽电压控制图

为使新启动电解槽前期保持足够的温度，形成规整稳定的炉膛，新启动槽第一个月 AEW 间隔设定为：上旬 13h；中旬 20h；下旬 24h，到启动后第三个月，逐渐延长至 48h。AEW 时间设定为 4h。

（3）电解质分子比的管理。电解槽启动初期和启动后期，电解质分子比和电解质中 CaF_2 含量按表 10－6 进行调整和控制。

表 10-6 电解槽启动初期和启动后期电解质分子比和电解质中 CaF_2 含量调整和控制表

时 期	分子比	CaF_2 含量/%
启动时	>3.0	5
启动后第 3 天	2.9	5
启动后第 10 天 ~ 第 30 天	2.8	5
启动后第 40 天 ~ 第 50 天	2.7 ~ 2.6	5
启动后第 50 天 ~ 第 60 天	2.5	7
启动第 60 天以后	按正常控制	

（4）加工制度的管理。电解槽启动时人工效应熄灭 1h 后接通 NB，NB 间隔设定为 3min。灌完铝后，电压缓慢下降，待电解质表面结壳后，用破碎好的电解质块或面壳块收边、整形，并逐渐加厚极上保温料。至启动后第三个月，NB 间隔逐渐降至 2min。

10.4.4 铝电解槽炉膛的建立

建立规整稳定的炉膛对铝电解槽是非常重要的。200kA 大型预焙槽的炉膛主要是依靠控制槽温和边部自然散热而使电解质自身结晶形成，其形成过程时间较长，而且对各项技术条件要求严格。为了使建立起的炉膛热稳定性好，首先，启动的第一个月必须采用高分子比的电解质成分，随着炉膛的逐渐完善，分子比也逐渐降低；第二，必须控制电解温度的下降速度，一般在启动后的前三天，要求槽温下降快些，使其尽快形成一层较薄的电解质炉帮，之后槽温下降适当放慢。电解温度的控制，主要是通过电压来控制，因此，电压管理曲线也应与炉膛形成过程相适应。此外，为了不出现畸形炉膛，在炉膛形成关键的第一个月采用增加效应系数的方法，规范炉膛的形成。这样，经过良好的焙烧启动过程，和启动初后期科学的管理，建立起规整稳定的炉膛，就可以顺利进入正常的生产阶段了。铝电解槽炉膛见图 10-6。

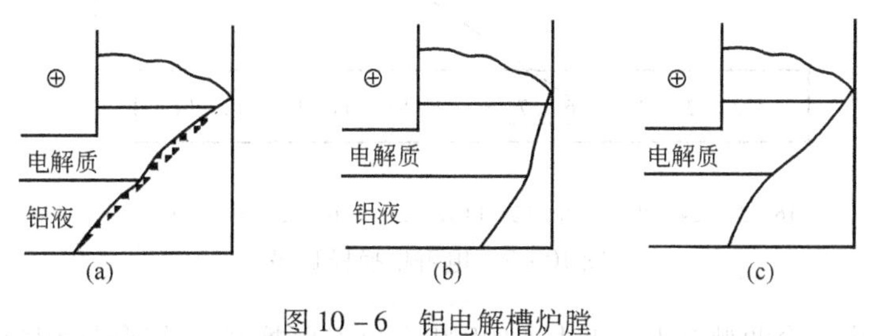

图 10-6 铝电解槽炉膛
（a）冷槽；（b）热槽；（c）正常

10.4.5 正常操作

10.4.5.1 定时加料

正常加料时，根据事先设定好的加料时间和加料量程序，槽控机控制加料设备定时定量地往槽内加入氧化铝。由于是自动操作，可以在一个加料周期内分成数次加料，一般根据打壳锤头数目定，有几个锤头就下几次料，全部打完一遍为一个下料周期，然后重新开始新一轮下料周期。例如有四个打击锤头，则下四次料，每次下料的间隔为5min，一个周期约为20min。但是每次下料量不多，只有一个加料周期内下料量的四分之一，从而做到了减少电解质中氧化铝浓度波动的要求，避免了由于下料过多或下料过少所导致的对电解生产不利的现象。另外，加料是在密闭的槽罩内进行，避免了加料粉尘和挥发性气体直接排放到车间空间的现象，改善了操作环境。

如果采用先进的流态化氧化铝输送系统，则在加料后计算机会自动检测槽上料仓的氧化铝面；如果低于所要控制的料面高度，就开始自动充料操作，直接将氧化铝送至槽上的氧化铝料箱。

10.4.5.2　阳极更换

A　阳极更换顺序

有了阳极使用周期和电解槽阳极安装组数，就可以确定阳极更换顺序。确定的原则为：1）相邻阳极组要错开更换；2）电解槽两面炭块应均匀分布，使阳极导电均匀，两根大母线承担的阳极质量均匀；3）若按电解槽纵向划成几个相等的小区，每个小区承担的电流和阳极质量也应大致相等。为此，阳极更换必须交叉进行。

电解槽换极顺序见图10－7。

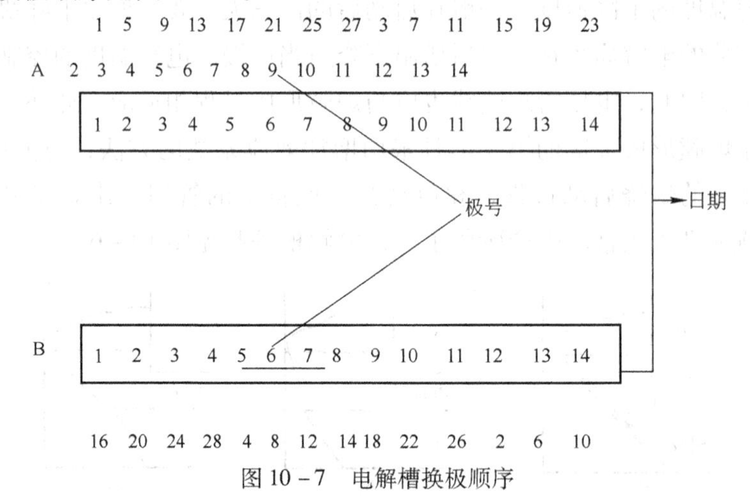

图10－7　电解槽换极顺序

从图中可见，除两侧7号、8号阳极相隔两天更换外，其余均相隔四天，而且注意到了两面、两端交替更换，这种更换顺序能较好地满足生产要求。

每个月在月底由主任工程师负责，打印出下个月各个工段的换极表。

B　阳极更换操作

阳极更换用多功能天车与电解操作工配合进行。换极过程中，与计算机联系，捞大面壳块。新极安装精度、收边为重点工序，应作为全过程的质量控制点。

（1）确认当班要换阳极的槽号、极号，准备好工器具。

（2）用小板车准备好收边用碎块，推至槽边，注意不得泼洒。

（3）操作槽控机 AC 手柄，与计算机取得联系。

（4）打开换极处三块槽罩，左右靠边放好。

（5）扒净极面上的保温料，指挥天车工进行开口提极。

（6）提出极的过程中，用钩、耙把松动的结壳块钩到大面上。

（7）捞净掉入槽内的大面壳块，进行槽况检查，并设置换极精度。

（8）操作风动毛刷清刷母线表面。

（9）新极安装好后，用块料垒墙堵中缝，撮碎块堵两极间的缝隙并收边。收边高度至极外露 8 ~ 10cm。

（10）指挥天车工添加极上保温料，平稳操作。极上保温料加至 10 ~ 18cm。

（11）盖好槽罩，清理现场，收好工器具。

（12）遇脱落极，小块用钩子拉出，大块用“脱落用夹钳”取出，放到阳极托盘内。

（13）根据新极上槽 16h 后的电流分布值进行阳极水平修正，每台槽一天最多修正两块。

（14）发现长包阳极，临时用高位残极或新极进行更换。

10.4.5.3 效应熄灭

（1）认真分析与阳极效应发生率有关的因素，控制好效应系数。

（2）确认效应发生电解槽槽号。

（3）携带熄灭效应用的木棒，赶到电解槽出铝端放好。

（4）查看槽控机面板上数据显示情况（正常：效应电压 20 ~ 30V），并绕槽一周巡视。

（5）开启出铝端槽罩，打开出铝口，检查效应加工是否正常，如有异常，报检修工段进行处理。

（6）效应发生 5min 左右（一般），把木棒从出铝口插入一侧阳极底掌下铝液中。

（7）确认效应熄灭后抽出木棒。

（8）打捞炭渣，放入出铝端风格板上设置的炭渣专用箱内。打捞过程中要使其中的电解质液良好分离出（第三天早班，由当班人员把炭渣倒运至炭渣堆场，严防泼洒）。

（9）盖好槽罩，清理现场。

（10）废木棒收至定置摆放处。

10.4.5.4 出铝作业

A 作业准备

（1）设备、工具：多功能机组、抬包、出铝用工具等。

（2）准备：天车吸出工应先接到工区长下达的吸出指示量，明确每台槽的吸出量，然后检查机组，并准备好所需工具、材料。

（3）封包：用石棉绳密封好抬包盖，装好观察孔用玻璃，检查消声器、喷嘴是否装好，吸出软管是否完好。

（4）吊包：操作天车，吊起抬包，移至吸出槽。

B　作业规程

（1）确定要出铝的电解槽，揭开出铝端的槽罩（一次只能揭开两台电解槽的槽罩），打出铝口，并将出铝口处的炭渣打捞到炭渣箱内。

（2）多功能天车吊来出铝抬包后，按下槽控机上的“出铝”键，将抬包吸出管伸入出铝口，接通压缩空气开关。

（3）向出铝抬包通入高压气体，吸出铝液。

（4）当天车电子秤显示数据达到指示量时，立即关闭压缩空气，停止出铝。

（5）缓慢转动抬包手柄，用多功能天车将抬包吊离电解槽。

（6）每台电解槽的出铝精度保持 +50 ~ −10kg，确保电解槽平稳运行，防止病槽产生，避免电力浪费。

（7）当出铝抬包内积聚的固体电解质影响出铝精度时，必须进行清理。

（8）清理出铝抬包（抠包）时，必须轻拿轻放工具，动作平稳，减少粉尘飞扬。

（9）用于清理出铝抬包风镐必须润滑良好，并扎紧风镐皮管接头，防止漏风产生噪声。

（10）润滑、检修出铝抬包产生的含油废弃物放置于电解厂渣场内的专用垃圾桶内。

（11）检修出铝抬包产生的废石棉放置于电解厂渣场内的专用垃圾箱内。

（12）出铝、抠包检修出铝抬包过程中产生的废钢材堆放于电解厂渣场内指定地点。

每槽实出量减去所上电解质的量，而电解质量为出铝后粗清前包质量减去粗出铝前包质量，除当班出铝槽数。

10.4.5.5　抬母线

A　作业准备

（1）确认抬母线槽：每天抄回转计读数，以回转计读数为依据，确认抬母线槽。

（2）检查天车副钩、母线提升框架是否正常，要抬母线槽提升机构是否正常。

（3）准备所需工具，如母线提升框架、呆扳手、粉笔。

（4）检查抬母线槽是否在效应等待期，如果在效应等待期，要看槽控机的回转计读数，以确定是否推迟抬母线。回转计读数在 60 以上的，安排到第 2 天抬母线；回转计读数在 60 以下的，当天等效应来过后恢复正常抬母线。如果效应不来强制抬母线，要及时向领导汇报，拿出有效措施后，再进行抬母线作业。

B 作业规程

（1）天车工在母线工的配合下，吊起母线提升框架，保持框架两端水平，上升到上限位。

（2）把母线提升框架移至准备抬母线的生产槽上方。

（3）通过软管连接，使提母线框架接通地面上的压缩空气。

（4）与计算机联系，按抬母线键。

（5）天车工操作天车副钩，对准位置，下降母线提升框架，夹住槽上各阳极导杆，打开夹紧气阀，使框架紧夹住阳极导杆。

（6）用风动扳手旋松卡具，保证所抬槽的所有卡具必须松开。

（7）按槽控箱升阳极键，开始抬母线，水平母线上升至上限位后停止抬母线。

（8）用呆扳手复紧卡具，要保证旋紧。

（9）用粉笔沿水平母线下沿划出定位线，以便确认抬母线后阳极是否有下滑现象。

（10）松开夹紧气阀，使框架不再紧夹阳极导杆。

（11）记录：在“抬母线记录表”上记录抬母线前后槽电压及其他情况。

10.4.5.6 扎边部

扎边部作业规程：

（1）在需要扎边部的电解槽旁准备适量的电解质块。

（2）打开扎边部位置的槽罩，放置在旁边槽罩上。

（3）联系计算机，按槽控箱的扎边部按钮，启用扎边部控制程序。

（4）在扎大面时，天车工操作打击头打开大面结壳，电解工配合添加电解质块，由外到里扎2~3遍，扎实后补充电解质块，并收好边。

（5）与换极操作一样，收边整形，加保温料。

（6）盖好盖板，打扫槽沿卫生。

10.4.5.7 捞炭渣作业

捞炭渣作业规程：

（1）打开出铝口，将电解质块捞出堆放在阳极结壳上，用捞勺从里向外掏几下，炭渣一般就会不断地飘出，用捞勺及时捞到炭渣箱内。

（2）阳极效应发生后电解质沸腾激烈，炭渣与电解质分离良好，此时也应及时捞取炭渣。

（3）更换角部极时，侧部聚集在阳极下的炭渣不断漂出，此时应及时捞取炭渣。

（4）炭渣捞到炭渣箱中，须统一送到指定的位置堆放，不得随意堆放。

10.4.5.8　短路口作业

电解槽通电或停电时的作业，即为短路口断开操作和短路口短路操作。

操作工具：呆扳手、撬棒、绝缘板。

（1）短路口断开作业规程：

1）确认短路母线作业口，准备好绝缘板。

2）联系供电停电，并从槽控机上确认后方可开始作业。

3）迅速将紧固螺母松开并撬开短路口接触面，将绝缘板插入后，拧紧螺母。

4）测量立柱母线与短路母线间的绝缘电阻是否符合要求。

5）检查短路口是否作业完毕，并迅速带上工具撤离现场，整个操作过程应在 3 ~ 5min 完成。

6）与供电联系，开始送电。

（2）短路口短路作业规程：

1）确认短路母线作业口，准备好工具、钢刷、四氯化碳溶液。

2）用风管将短路母线口积灰吹干净，以保证短路口接触良好，降低母线短路后的接触电压降。

3）联系供电停电，经确认后，迅速将紧固螺母松开，并撬开短路口接触面，将绝缘板抽出后，用四氯化碳溶液冲洗短路口接触面，清洗干净后拧紧螺母，使母线接触面紧贴在一起。

4）确认短路母线安装完后，联系供电送电，送电后测量短路口是否符合要求。

10.4.5.9　故障及处理

（1）阳极多组脱落。阳极多组脱落的原因主要是阳极电流分布不均匀，严重偏流。强大的电流集中在某一部分阳极上，短时间内使炭块与钢爪连接处浇注的磷生铁或铝导杆与钢爪间的铝 - 钢爆炸焊熔化，阳极与钢爪或铝导杆分开，掉入槽内。

处理办法：

1）首先测阳极电流分布，调整未脱落阳极，使其导电量均匀，不再脱落。

2）组织人力尽快捞出脱落的阳极块，每捞出一块换装上一块残极，决不能使用新阳极，最好是从其他生产正常的电解槽上取出工作状态良好的热阳极换上。

3）如果阳极脱落是由于卡具未紧而使铝导杆下滑，则将阳极提起至原来的高度后再卡紧。

4）为了防止阳极底掌上粘上沉淀而影响阳极工作，要用大耙刮净阳极底掌。

（2）阳极长包。阳极长包即为阳极底掌消耗不良，以包状突出的现象。处理阳极长包主要以打包为主。将长包阳极提出来，用铁錾子或钢钎把突出的部分尽可能打下来，再放回槽内继续使用。实在打不下来的再进行更换，尽量使用厚残极。

（3）冷槽。冷槽是指电解槽的温度低于正常电解温度。在冷槽条件下，电解槽不能正常运行。

1）冷槽初期的外观特征及处理。

冷槽初期的外观特征：

①电解质水平明显下降，黏度增大，流动性变差，颜色发红，阳极气体排出受阻，电解质沸腾困难，火苗呈淡蓝紫色，软弱无力。

②阳极效应提前发生，次数频繁，效应电压高达60～80V，指示灯明亮。

③槽底上有大量的沉淀，伸腿大而发滑，炉帮增厚，有炉膛不规整现象出现，由于炉膛缩小，铝液水平上升，极距缩小，槽电压有自动下降现象。

④下料有时打不开壳面。

⑤打开壳面后，液体电解质表面浮不出炭渣，只能与电解质表面结成黑色半凝固层。结壳厚而坚硬。

⑥换阳极时捞结壳块困难，液体电解质表面出现快速凝固现象。

处理办法：

①适当提高槽工作电压，增加电解槽热收入。

②加强阳极保温，减小电解槽的热支出。

2）冷槽中期的外观特征及处理。

冷槽中期的外观特征：

①电解槽的炉膛不规整，局部肥大，部分地方的伸腿向炉底长出。

②由于长炉帮时析出较酸性的电解质，因而液体电解质分子比降低，电解质水平较低，铝水平持续上涨。

③炉底沉淀增多，阳极效应频频发生，时常出现闪烁效应和效应熄灭不良。

④由于炉底沉淀多，致使阳极电流分布不均，导致磁场受影响，铝液波动大，引起电解槽电压波动，甚至出现阳极脱落现象。

处理办法：

①增加电解槽的热收入，提高槽电压及加厚保温料以提高电解质温度和电解质水平。

②适当延长加料间隔和提高效应系数，消除炉底沉淀和规整炉膛。

③调整出铝制度，采用“少量多次”的出铝制度，既有效地消除炉底沉淀，又保证电解槽状态平稳。

④利用换阳极打开炉面之机，用大钩钩拉炉底沉淀，一方面使炉底沉淀疏松，容易熔化，另一方面改善沉淀区域的导电性能，使阴极导电均匀。

⑤利用来效应、换阳极时多捞炭渣，使电解质洁净，改善其物理性质。

3）冷槽的后期外观特征及处理

冷槽后期的外观特征：

①炉底有厚的沉淀或坚硬的结壳。

②炉膛极不规整，部分地方伸腿与炉底结成一体。预焙槽中间的下料区出现表面结壳并与炉底沉淀连成一体，形成中间“隔墙”。

③阴、阳极电流分布紊乱，电压摆动大，有时出现滚铝。

④电解质水平很低，阳极效应频频发生，效应电压很高，并伴有滚铝现象。

⑤电解槽需要很高电压才能维持阳极工作。

⑥冷槽到最严重时，电解质会全部凝结而沉于炉底，铝液飘浮在表面，槽电压自动下降到 2V 左右；预焙槽抬阳极便出现多组脱落，从而导致被迫停槽。

处理办法：冷槽后期的处理，也是将炉底结壳熔化，只不过由于炉底结壳消耗很慢，阴、阳电极电流分布很难调整均匀，处理时间会更长。处理方法与冷槽中期的处理方法一样，但要特别谨慎，掌握适度，细心准确。

（4）热槽。热槽是指电解槽的温度高于正常电解温度。

1）热槽初期的外观特征及其处理。

热槽初期的外观特征：

①电解质温度升高，电解质水平上涨，电解质颜色发亮，流动性极好，阳极周围出现沸腾现象。

②炭渣与电解质分离不好，在相对静止的电解质表面有细粉状炭渣飘浮，用漏勺捞时炭渣不上勺。

③表面上电解质结壳变薄；预焙槽中间下料口结不上壳，多处穿孔冒火，且火苗黄而无力。

④炉膛变大，铝水平呈下降趋势，炉底温度升高。

⑤阳极效应滞后，效应电压较低。

处理办法：

①将槽工作电压适当降低，减少其热收入。

②适当少出铝，提高铝水平，增加炉底散热，使炉膛不遭破坏。

③对于由冷槽导致的热槽的处理则是适当的分批取出铝液，以提高极距，减少二次反应热。

2）热槽中期的外观特征及其处理。

热槽中期的外观特征：

①炉膛遭到破坏，部分被熔化。

②电解质温度高，预焙槽中间无法结壳，边部结壳也部分消失，无火苗上窜，出现局部冒烟现象。

③炭渣与电解质分离不清，严重影响了电解质的物化性质，电流效率很低。

④电解质黏度减小，使炉底发生氧化铝沉淀，这层沉淀电阻较大，电流流经它时产生高温而使炉底温度很高。

⑤分离不出去的炭渣与电解质、氧化铝悬浮物形成海绵状炭渣块黏附在阳极底掌上，电流通过这层渣块直接导入炉底，使阳极大面积长包；同时，这层渣块电阻很大，电流通过时产生大量电阻热使槽温度变得很高。

处理办法：

①通过测量阳极电流分布，找出有病变的阳极，提出来并清除底部渣块，打掉突出的包状，个别严重的可用厚残极更换。

②在阳极病变处理后，再通过测量阳极电流分布调整好阳极位置，使之导电均匀。

③降低槽温。主要采用清洁电解质，用减小电解质电阻的方法降低槽温。

④加强电解槽上部的散热。

⑤从液体电解质露出的地方慢慢加入氟化铝和冰晶石粉的混合料。

⑥减少出铝量，增大炉底散热。

3）热槽后期的外观特征及其处理。

热槽后期的外观特征：

①电解质温度很高，整个槽无槽帮和表面结壳，白烟升腾，红光耀眼。

②电解质黏度很大，流动性很差。

③阳极基本处于停止工作的状态，电解质不沸腾，只出现微微蠕动。

④电解质含炭严重，从槽内取出电解质冷却后砸碎，断面明显可见电解质包裹的炭粒。

⑤由于电解质黏度大，氧化铝不能被溶解，在电解质中形成由电解质包裹的颗粒悬浮物，其后沉入炉底，使炉底沉淀迅速增多，电解质水平迅速下降。

⑥炉底温度很高，铝液与电解质相互混合，用铁钎插入后取出，分不清铝液和电解质的界线，犹如一锅稀粥。

⑦电解质对阳极润湿性很差，槽电压自动上升，甚至出现效应。

处理办法：

严重热槽的特点是电解质严重含炭，阳极不工作，所以在处理过程中，首先应使炭渣与电解质分离，改善电解质性质，再就是让阳极工作起来。处理方法与中期热槽基本相同，但处理起来更为困难，见效很慢，为加快处理效果，可从正常槽中抽取新鲜电解质灌入，这样能有效地降低槽温，使炭渣很快分离出来，改善电解质性质，使阳极恢复工作。

（5）压槽。压槽有两种情况，一种是极距过低，另一种是阳极压在沉淀或结壳上。

1）压槽的外观特征：

①火苗黄而软弱无力，时冒时回。电压摆动，有时会自动上升。

②阳极周围的电解质有局部沸腾微弱或不沸腾现象。

③阳极与沉淀接触处的电解质温度很高而且发黏，炭渣分离不清，向外冒白条状物。

2）处理办法：

①如果是铝液水平低和电压低引起压槽，则只能抬高阳极，使电解质均匀沸腾。如果槽温过高，就按一般热槽加以处理。

②如果是阳极与沉淀或结壳接触而产生的压槽，处理时首先必须抬起阳极，使之脱离接触，并清理好阳极底掌。要灌电解质，必要时还要灌液体铝，淹没沉淀和结壳。在电压稳定的前提下处理沉淀，规整炉膛，然后按一般热槽加以处理。

③出铝时发生压槽时，要立即停止出铝，抬起阳极。

（6）电解质含炭及其处理。

1）电解质含炭的外观特征：

①电解质温度很高，发黏，流动性极差，表面无炭渣飘浮。

②火苗黄而无力，火眼无炭渣喷出，有时“冒烟”。

③在电解质含炭处不沸腾或发生微弱的扰动。

④提高电压时，有往外喷出白条状物现象。

⑤槽电压自动升高；发生效应时，灯泡黯淡不易熄灭。

⑥从槽中取出的电解质试样断面可看到均匀分布的炭粒。

2）处理办法：

①将阳极抬起，不要怕电压过高，直至含炭处的电解质能够沸腾为止。电解质水平低时要事先灌入液体电解质。

②局部含炭时，不要轻易搅动电解质，控制范围以免蔓延。为了改善电解质性能，可向电解质含炭处添加冰晶石或氟化铝。

③为了加速消除电解质含炭现象，可将含炭严重的电解质取出来，换上新鲜的低温电解质。

④为了降低电解质温度，可向槽内添加固体铝。添加时要直接加到槽底和伸腿上，间接冷却电解质。

⑤当炭渣从电解质中分离出来时，必须及时将炭渣取出，避免重新进入电解质。

（7）滚铝。在电解铝生产时，有时铝液以一股液流从槽底泛上来，然后沿四周槽壁或一定方向沉下去，形成巨大的漩涡，严重时铝液上下翻腾，产生强烈冲击，甚至铝液连同电解质一起翻到槽外，电解槽的这种现象称为滚铝。

热槽导致的滚铝处理方法：

1）沿电解槽四周扎边部，强行规整炉膛，其作用是消除铝液正常循环的障碍。同时扎边部缩小了铝液镜面，提高了铝液高度，降低了水平电流密度，从而制止滚铝。

2）若槽内铝液很少时必须适当灌注铝液，增大槽内产铝量，增加铝液的质量，降低其运动速度，使铝液平静下来；同时灌铝也增加了铝液层厚度，减小水平电流密度。

冷槽导致的滚铝处理方法：

1）勤调整阳极电流分布，迫使阴、阳极电流分布均匀而恢复磁场平衡，从而制止滚铝。

2）适当提高槽电压，利用电解质较大的电阻来迫使电流分布均匀。

3）采用扒炉底沉淀的方法，改善阴极导电，并配合调整阳极电流分布，使之均匀。

10.4.5.10 电解生产的事故

A 生产技术事故

a 难灭效应

难灭效应的处理：

1）如果是电解质含炭而发生难灭效应时，处理时要向槽内添加大量铝锭和冰晶石，冷却电解质。当炭渣分离后，立即熄灭效应。

2）如果在出铝后发生难灭效应，处理时必须抬起阳极，向槽内灌入液体铝或往沉淀少的地方加铝锭，将炉底沉淀和结壳盖住，然后再加入电解质或冰晶石，以便熔化电解质中过饱和氧化铝和降低温度，待电压稳定、温度适宜时再熄灭效应。

3）如果是因压槽导致滚铝而发生难灭效应，处理时必须首先将阳极抬高离开沉淀。在滚铝时不要向槽内添加冰晶石，当电压稳定后，可熔化一些冰晶石来降低电解质温度和提高电解质水平。

4）如果因炉膛不规整引起滚铝而造成难灭效应时，处理时首先要抬起阳极，然后将没有炉帮和伸腿过小的地方用大块电解质补扎好。通过这种方法来调整电流分布和提高铝液水平，当电压稳定后再熄灭效应。

5）如果因电解质水平过低，使槽内沉淀多，造成难灭效应时，处理时必须先提高电解质水平，方法是等效应持续一定时间，提供多余热量来熔化结壳的电解质，或加入热电解质来升高电解质水平，然后再熄灭效应。

6）当在电解槽的某一部位熄灭效应无效时，如果炉膛比较规整，应该重新选择效应熄灭的部位。新位置一般选在两大面低阳极处，砸开壳面，将木棒紧贴阳极底掌插入，不要插到槽底，以免再搅起沉淀。对于严重者可多选一处，同时熄灭。

7）当采取上述方法熄灭效应都不见效时，如果炉膛比较规整，可用两极短路方法熄灭效应，但要注意不能使阳极压在结壳或沉淀上，否则不但起不到熄灭效应的作用，反而会产生更严重的后果。

b 漏槽

(1) 漏槽产生的原因。漏槽有两种情况，一种是电解槽的槽底或侧部炭块破坏严重，阴极钢棒熔化，铝液和电解质从钢棒处流出，称为炉底漏炉。这种情况有时在电解槽焙烧后，槽底炭块有裂缝时也易发生。另一种情况是槽内衬完好，由于操作管理不当，槽温高或效应持续时间长，熔化了边部槽帮，从而使电解质和铝液从侧壁炭块顶部缝或局部缝隙间漏出槽外，称为侧部漏炉。

（2）漏槽的处理。当漏槽事故发生时，首先揭开漏槽侧的地沟盖板，根据流出来的是电解质还是铝液，迅速判断是侧部还是炉底漏炉。如是炉底破损漏炉，首先应马上通知系列停电，进行切断该槽电流的工作，在未停电之前，指定人员下降电极，电压不应超过5V，集中力量保护阴极母线不被破坏。如果确认为侧部漏炉，就要集中力量从槽内外两侧堵塞漏洞。首先迅速打开漏出侧的面壳，用面壳块、氟化钙、氧化铝、电解质块等物料掺和到一起沿电解槽周边捣固扎实，利用固体物料筑起槽帮，直至堵住为止。同时根据电解质流失情况适当下降阳极，以保持两极不断路为准。侧部漏炉时一般不允许系列停电，除非漏量大，在阳极无法下降的情况才允许停电。

B　设备事故

采用计算机自动控制的电解槽，常因电气元件质量问题或安装问题，出现电路串线或继电器接点黏结，引起控制失灵或误动作，出现恶性事故。最危险的是阳极自动无限量上升或下降，如果出现阳极自动无限量下降时，就会将电解质、铝液压出槽外，甚至顶坏上部阳极提升机构，使整台槽遭到毁灭性的破坏。如果阳极自动无限量上升，会使阳极与电解质脱开发生短路，出现严重击穿短路口和严重爆炸事故。

当发现阳极自动无限量上升或下降时，应立即断开槽控箱的动力总电源，切断控制，通知检修部门立即抢修，消除设备故障，迅速恢复生产。如果阳极上升到使短路口严重打弧光，人已无法进到槽前时，应立即通知紧急停槽，以防止严重爆炸事故，引起重大损失。

10.5　实训注意事项

（1）本实训为生产性实训，实训过程中应严格遵守岗位的安全规程、设备规程、技术规程，严禁违章操作。

（2）本实训为连续生产，应严格遵守交接班的有关规定，认真填写相关记录。

（3）电解岗位安全操作规程：

1）工作时劳保必须穿戴整齐，严格按照作业文件操作，禁止喝酒上岗。操作前检查工具是否干燥，潮湿工具需预热后才可使用，禁止向槽内添加潮料。

2）禁止站在面壳和极块上操作，禁止收边前堵中缝。打开出铝口时，操作者应站在侧面，以防止电解质液溅出烫伤。

3）禁止用金属物（含人体）联通槽（含立柱母线）与风格板、槽与槽、槽与烟道端铁制品。发现有短路打火花现象时，应立即用干木棒（铲把）将短接物件移开。使用铁具时，注意磁场，以防意外。

4）换极时，严禁将阳极超标准下降后再上提，以防止短路、放炮、伤损阳极大母线。

5）若换极时来效应，应停止作业，待效应熄灭后再行作业。效应时禁止将金属工具伸入槽内作业。

6）禁止汽油、酒精等易燃易爆物品进入厂房靠近电解槽。厂房中若不慎着火，应用灭火器扑灭，不得用水浇灭。

7）禁止乱动各种阀门、开关，禁止打开槽控机放置物品。

8）禁止在天车吊运物下站立、行走。操作时若天车吊物经过，应主动让开。

10.6 实训报告要求

（1）铝电解槽砌筑、焙烧、启动操作要点有哪些？

（2）铝电解正常操作要点有哪些？

（3）铝电解常见故障及处理措施有哪些？

附录　C3000 操作说明

A　功能

C3000 过程控制器的外形如附图 1 所示。

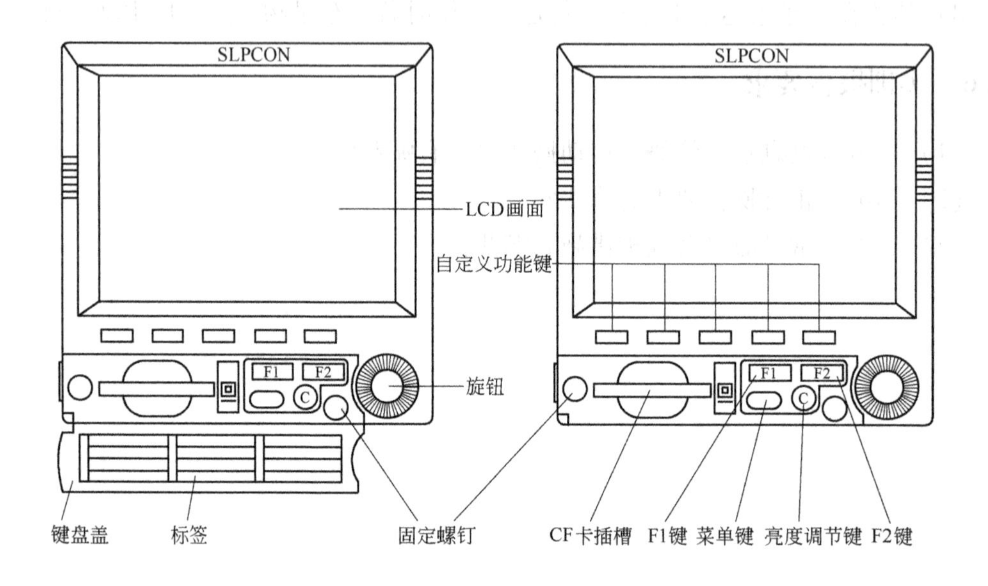

附图 1　C3000 过程控制器外形图

C3000 过程控制器的功能是显示控制实验参数。

B　实验常用操作方式

（1）开机

1）打开“总电源”，三相指示灯全亮。

2）打开“仪表开关”。仪表设定：在任意监控画面，长按旋钮，弹出导航菜单，如附图 2 所示。

3）将旋钮键向下旋转至“控制”项，按下旋钮键，即可进入控制回路。

（2）通过旋钮选择要操作的控制回路，如位号 FICX01（回路位号画面位置见附图 3，X 根据装置不同编号为 1 ~4，如 FIC104），被选中的回路位号将以反色显示。

1）手动控制：若回路中“手自动状态”项显示“MAN”，此时为手动控制，此时通过、键改变“MV”值（即调节开度），至实验需要的流量，在按、的同时按下键，可快速改变数值。等流量逐渐稳定在实验流量时，可以转为自动状态。

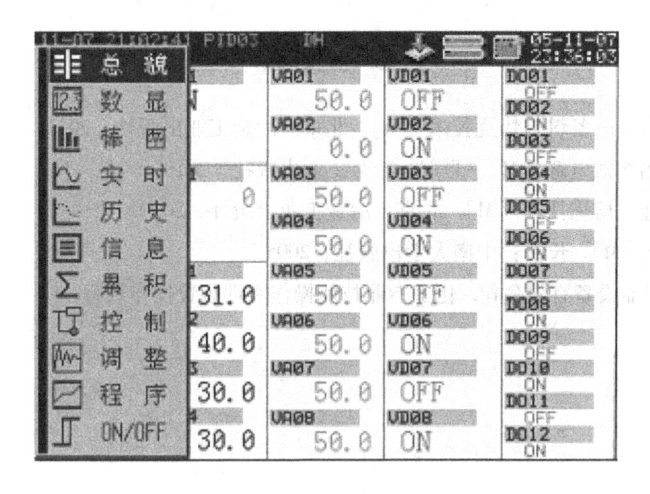

附图 2　导航菜单

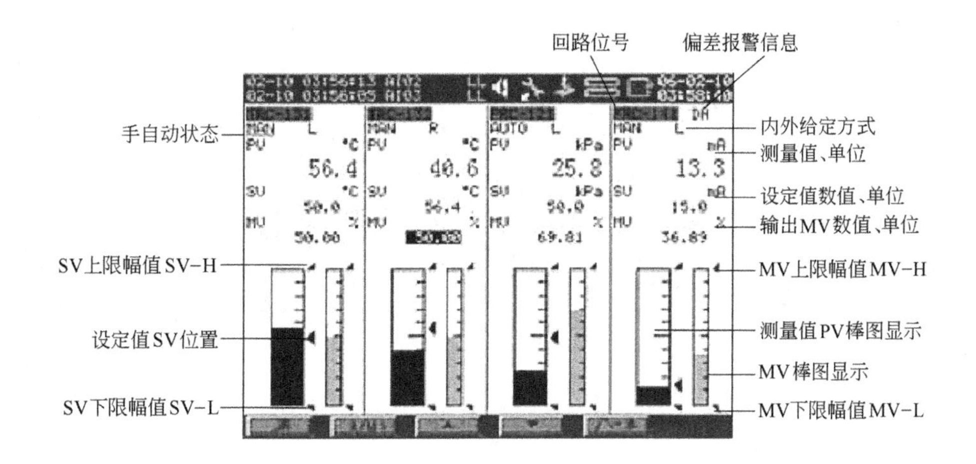

附图 3　回路位号画面

2）自动控制：需长按 A/M 切换回路至自动状态，自动状态时回路中“手自动状态”项显示“AUTO”，此时通过 ▲ 、 ▼ 键改变“SV”值（即设定变量），至实验需要的流量，在按 ▲ 、 ▼ 的同时按下键，可快速改变数值。

（3）待“PV”即测量值稳定后，长按旋钮，弹出导航菜单，选择“总貌”项，返回实验画面记录数据。

（4）重复以上操作步骤，即可不断改变实验参数。

（注：本操作规程为通用版操作说明，教师可根据学校实际情况进行修改。）

参考文献

[1] 陈利生．火法冶金—备料与焙烧技术［M］. 北京：冶金工业出版社，2011.
[2] 陈利生．金属铝熔盐电解［M］. 北京：冶金工业出版社，2010.
[3] 徐征．火法冶金—熔炼技术［M］. 北京：冶金工业出版社，2010.
[4] 彭容秋. 镍冶金［M］. 长沙：中南大学出版社，2005.
[5] 浙江中控科教仪器设备有限公司. 化工专业技能操作实训装置操作规程.